帮孩子
摆脱焦虑
+ 化解抑郁

刘 锐 ◎ 著

苏州新闻出版集团
古吴轩出版社

图书在版编目（CIP）数据

帮孩子摆脱焦虑+化解抑郁 / 刘锐著. -- 苏州 ：古
吴轩出版社，2025. 8. -- ISBN 978-7-5546-2671-9

Ⅰ. B844.1-49

中国国家版本馆CIP数据核字第20250K9W40号

责任编辑：顾　熙
见习编辑：张士超
策　　划：汲鑫欣
装帧设计：YOLENS

书　　名：**帮孩子摆脱焦虑+化解抑郁**
著　　者：刘　锐
出版发行：苏州新闻出版集团
　　　　　古吴轩出版社
　　　　地址：苏州市八达街118号苏州新闻大厦30F
　　　　电话：0512-65233679　　　邮编：215123
出 版 人：王乐飞
印　　刷：易阳印刷河北有限公司
开　　本：670mm×950mm　　1/16
印　　张：11
字　　数：110千字
版　　次：2025年8月第1版
印　　次：2025年8月第1次印刷
书　　号：ISBN 978-7-5546-2671-9
定　　价：46.00元

如有印装质量问题，请与印刷厂联系。0318-5695320

在孩子的世界里，本应充满纯真的欢笑与蓬勃的朝气。然而，有些孩子被焦虑、抑郁的情绪笼罩，失去了这个年龄该有的活力。

为什么会这样呢？

一方面，身处这个快节奏的时代，有些父母和孩子心中充斥着各种"急"：急着上各种兴趣班，急着上好学校，急着提升成绩……似乎孩子只要一慢下来，就会掉队，看不到未来。在这种状态下，孩子的焦虑、抑郁情绪逐渐蔓延。

另一方面，在成长过程中，有些孩子可能会面对来自父母、老师的不理解，可能会遇到学业、社交上的挫折等，这些因素有可能让孩子的心理健康出现一些问题。如果孩子的压力无法得到及时、合理的宣泄，就有可能产生焦虑、抑郁情绪。

当孩子出现焦虑或抑郁情绪时，父母往往看在眼里，急在心里。可是，很多父母缺乏对焦虑、抑郁情绪的正确认知，往往不知道该如何去帮助孩子。

比如，当孩子出现焦虑、抑郁情绪时，有些父母认为孩子只是暂时心情不好而已，放松一下就好了，或者过一段时间就好了；还有些父母认为孩子出现焦虑、抑郁情绪是精神不正常，担心得不得了。

面对孩子的焦虑、抑郁情绪，父母的无视、轻视或过度解读都是不对的。扫除我们的认知误区，正视孩子的焦虑、抑郁情绪，了解其形成原因，掌握化解方法才是作为父母的正确选择。

本书分两部分。

第一部分首先介绍孩子产生焦虑情绪的真相，让父母对孩子的焦虑情绪有理性的认识；其次，告诉父母如何在日常生活中捕捉孩子焦虑情绪出现的信号，以及判断孩子是否出现焦虑情绪的方法；再次，详细地阐述父母应如何帮助孩子走出分离焦虑、社交焦虑、恐惧焦虑、睡眠焦虑等不同形式的焦虑情绪；最后，给出父母帮助孩子摆脱焦虑情绪需遵循的方法。

第二部分介绍如何正确分辨孩子是否身陷抑郁情绪之中，以及抑郁情绪的危害；当孩子出现抑郁情绪时，父母应做出怎样的反应和改变；当孩子出现抑郁情绪时，父母应如何正确地引导孩子化解抑郁，走出阴霾。

作为父母，我们应该成为孩子成长过程中的朋友和引导者，了解孩子的各种感受，与孩子一同探讨改善焦虑、抑郁情绪的方法，并引导孩子在实践中做出改变。希望本书能够有助于父母们帮助孩子走出焦虑和抑郁情绪的困扰，让孩子重新变得阳光、快乐、活力满满！

目 录

Part 1
对抗焦虑，帮助孩子重拾快乐与自信

第一章　**认识焦虑，了解孩子焦虑的真相**

第二章　**捕捉焦虑信号，正确识别孩子的焦虑情绪**

正视焦虑，引导孩子走出不同的焦虑困扰

 摆脱焦虑，有法可循

Part 2

走出抑郁，让孩子遇见更好的自己

 第五章 **直面低落的心情，与孩子一同认识抑郁情绪**

 第六章 **孩子出现抑郁情绪，父母要做出改变**

第七章 **做好情绪管理，帮助孩子化解抑郁行为**

Part 1

对抗焦虑，
帮助孩子重拾快乐
与自信

第一章

认识焦虑，了解孩子焦虑的真相

什么是正常焦虑和病理性焦虑

在生活中，有的孩子会因为妈妈下班后没有准时到家而不停地念叨："妈妈怎么还没回来？""妈妈怎么还不回来？"甚至时不时地打开门朝外看，趴在窗户上向外看。有的孩子会因为害怕上学迟到，情绪变得暴躁，在出发前大声地催促父母；也有的孩子一到上学时间就抗拒出门……

当孩子有这些表现时，说明他已经陷于焦虑、恐惧或者担忧等不良情绪中。而有些父母往往不重视孩子的这些表现，甚至责骂孩子，对孩子的心理健康造成了一定的负面影响。因此，正确认识孩子的焦虑情绪是父母必须重视的问题。

那么，什么是焦虑呢？

　　从心理学角度来说，焦虑是个体对即将来临的、可能会造成危险或威胁的情境所产生的紧张、不安、忧虑、烦恼等不愉快的复杂情绪状态。焦虑情绪在孩子中非常常见，它伴随孩子成长的每一个阶段，即不同年龄段的孩子都有可能表现出不同的焦虑情绪。下表 1-1 总结了不同年龄段孩子产生焦虑情绪的代表性原因。

表 1-1　不同年龄段孩子产生焦虑情绪的代表性原因

年龄阶段	焦虑的原因
婴儿期	陌生的人、突然发出的巨大噪声、体型巨大的物体
幼儿期	与父母分离、漆黑的夜晚、一个人睡觉
学龄期	火、雷电、疾病等生活中的危险，独自上学
青春期	学习成绩、社交能力、自身的健康、他人对自己的评价

　　从表中可以看出，不同年龄段的孩子有不同的焦虑原因。需要说明的是，孩子对这些事物、情境所表现出的恐惧或担忧在大多数情况下属于情感发育过程中的正常现象，也就是说，在正常的条件下，焦虑不会产生实质性的危害，甚至还可以起到一定的积极作用。

　　比如，一个学习不好的孩子，如果对考试一点儿也不焦虑、不在乎，那么，他大概率不会多花时间去学习和复习，而是去做其他他喜欢的事情。这样一来，他的成绩自然很难得到提升。相反，如果这个孩子对考不好这件事感到焦虑，那么他很可能会努力地学习和复习，以消除内心的担忧，这样做会比完全不焦虑带来更好的结果。可见，适度焦虑并不是坏事，生活中那些能够令孩子适应的焦虑情绪反而可以帮助孩子。

不过，焦虑情绪达到一定程度有可能发展为病理性焦虑。

还是拿孩子对待考试这件事的态度来说，如果一个孩子因为害怕考不好而厌食、失眠、抵触学习、精神恍惚等，这时焦虑情绪就不在正常范围内了，而是到了病理层面。所以，正确分辨孩子的焦虑情绪是正常的还是病理性的非常重要。

通常，我们可以通过孩子的一些行为来进行初步判断。

（1）焦虑感非常强烈，频繁地出现不适症状，而且持续的时间长。

当孩子出现长时间表情紧张、坐卧不安等行为，或是出现胸闷、呼吸困难、全身无力、头晕心悸等不适症状时，父母就要注意了，这很可能是孩子患有焦虑症的表现。

（2）面对焦虑，孩子做出了一些逃避的行为。出于恐惧，孩子会逃避一系列让他感到不适的环境或事物，这也可能是孩子患有焦虑症的表现。

当孩子出现以上这些行为或表现时，父母要及时寻求专业人士的帮助。因为病理性焦虑一旦产生，就很容易形成恶性循环。

比如，当一个孩子预感到有"坏事情"要发生——在他看来这个"坏事情"可能是被当众点名回答问题，也可能是被要求上台演讲等，孩子的心跳就会加快，变得急躁不安，随后消极地认为会发生被所有同学嘲笑的"坏结果"。为此，他选择逃避，可能做出翘课、逃学等行为。

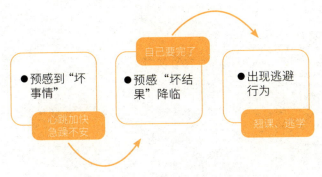

图 1-1　病理性焦虑引发逃避行为

图 1-1 描绘了在不良预感、消极情绪状态下，病理性焦虑导致的逃避行为。一次逃避后，孩子会获得暂时的安全感，而这将导致他在下一次"坏事情"发生时再次逃避，于是形成恶性循环。作为父母，我们要及时根据孩子焦虑情绪的强度、产生频率、持续时间和做出的行为来判断其焦虑的程度。

总的来说，焦虑情绪和其他情绪一样，它的存在是为了让孩子对周遭环境中的潜在威胁或危险保持警惕心理，并能做出恰当的反应。因此，对于孩子展现出适度的焦虑，我们无须过于担忧。但是，当孩子对某件事过度忧虑时，父母就需要做出相应的干预。此外，焦虑是一种主观感受，孩子的注意力在哪里，精力和情感就会投入哪里。要想让孩子不受制于焦虑，那么，父母引导孩子将注意力从他所焦虑的问题中转移出来是一个值得尝试的方法。

运行机制：
焦虑情绪是如何在大脑中运作的

焦虑情绪是如何在大脑中运作的呢？

首先，我们大脑中的丘脑、杏仁核、前额叶皮层和海马体等可以起到控制、调节焦虑情绪的作用。

（1）丘脑。丘脑是连接大脑皮层和视觉、听觉、触觉系统等的主要区域。而焦虑情绪会影响丘脑，进而影响感觉系统。比如一个正处于焦虑情绪中的孩子，他可能对周围的声音特别敏感，也可能屏蔽了周围的声音，这两种情形都是焦虑情绪影响了正常的听觉的表现。另外，大脑皮层会直接参与处理引发焦虑情绪的刺激信息。

（2）杏仁核。杏仁核对焦虑情绪起到核心调节作用，它负责控制人在受到威胁、刺激后采取的自主反应。比如，当孩子在商场走失，他会四处张望、东奔西走地寻找父母。看不见自己的父母这个刺激，会通过视觉传入丘脑，丘脑立即将信息发送到杏仁核，杏仁核启动身体做出反应。

（3）前额叶皮层。前额叶皮层可以起到减弱焦虑情绪的作用，它会在危险产生和危险结束时向杏仁核发送反馈。

（4）海马体。海马体负责记忆近期发生的事情或因外界刺激而产生的情绪，并提供回忆。比如，当孩子对某件事情感到焦虑时，海马体就会记住，当孩子再次遇到这类事情，就会随之产生焦虑情绪。

其次，大脑回路可以识别对人体存在不利影响的威胁信号，并做出回应。即为了能够更好地保护自己，大脑会产生一种应对威胁的系统，也被称为"战斗或逃跑"系统。当危险来临时，大脑会发出警报，警报会引发一系列反应。比如，因为害怕考试而产生焦虑情绪，焦虑情绪会让孩子做出行动：要么积极地应对考试，要么放弃或无视考试。

由此可见，当大脑感知到出现危险、威胁时，就会产生焦虑情绪，焦虑情绪会激活大脑的"战斗或逃跑"反应。这种反应是与生俱来的，在人类的早期阶段，常常要应对自然界的猛兽、恶劣天气等，人类的大脑发展出应对威胁的系统来保护自己。

所以，焦虑情绪之所以产生，其实就是大脑中应对威胁的系统被激活的结果。大多数情况下，大脑中应对威胁的系统对于缓解焦虑情绪可以起到一定的积极作用，比如：孩子担心不做作业挨罚而认真把作业做完，害怕迷路而不独自乱走，等等。这样，应对焦虑情绪反而可以帮助孩子更好地完成日常任务和遵守规则。

但是，大脑的应对威胁的系统有时会过于敏感，从而导致孩子产生更多焦虑情绪。这时，就需要父母出手帮助孩子缓解焦虑情绪。

为什么焦虑情绪在孩子中很常见

焦虑情绪和担心、恐惧、紧张等有非常密切的关系。美国焦虑症和抑郁症协会（ADAA）曾做过的一项调查结果显示：在美国，生活中经常被焦虑情绪困扰的孩子占比高达 1 : 8，也就是说，每八个孩子中就有一个孩子被焦虑情绪困扰。

其实，孩子或多或少都存在焦虑情绪。那么，为什么孩子很容易产生焦虑情绪呢？原因主要有以下几个。

▶ 大脑发育不完善

前面我们阐述了焦虑情绪是如何在大脑中运作的，了解了孩子的焦虑情绪与大脑息息相关。从生理学角度来说，孩子的大脑仍在发育，其中负责情绪管理的部分，比如前额叶皮层等还没有完全发育成熟。所以，孩子很难像成年人一样有效地控制情绪，焦虑情绪自然也会经常出现。

▶ 个体性格的影响

性格是每个孩子与生俱来的，它影响孩子情绪的表达、孩子的脾气秉性以及社交倾向等。性格内向或对负面情绪敏感的孩子，可能更容易出现焦虑情绪。在应对压力时，他们有时会表现出比同龄人更强烈的情绪反应。

比如，有的孩子容易害羞、喜欢独处、不喜欢和人打交道等。随着时间的推移，他有可能越来越害怕社交，甚至有时会因为将要进入热闹的场合而焦虑。

▶ 接触新事物产生的恐惧

对于孩子来说，恐惧是一种成长中不可避免的心理。孩子在成长的过程中需要面对各种各样的事物、情况，并且要对它们做出判断，规避可能出现的危险。也就是说，孩子在面对一件他认为有危险的事情时，就有可能产生恐惧情绪，随之产生焦虑情绪。

比如，一个孩子要独自上学，如果他不熟悉路线，就会产生害怕的心理，进而担心自己迷路、走失等，随之产生焦虑情绪。

不过，对未知事物的恐惧也是一种保护机制，它有助于孩子小心应对未知的事物，远离危险，摆脱威胁，等等。

▶ 不良的生活、学习环境

生活中，环境的变化、应激事件的刺激等同样容易引发孩子的焦虑情绪。

比如，家庭环境。比如，父母关系紧张，对孩子过于严厉或过度保护，都会让孩子感到焦虑。父母经常吵架，孩子就会害怕家庭破裂，从而产生焦虑情绪；父母担心孩子受伤，总是限制孩子的行动，孩子可能会因此而对外面的世界感到恐惧、焦虑。

另外，在学校这样的环境中，孩子感觉学习压力大且学习成绩不好，担心被父母和老师责备；和同学关系不好，与同学相处困难或感觉被孤立；被老师批评；等等。这些情况也容易让孩子产生焦虑情绪。

总之，引发孩子焦虑情绪的原因是繁杂的。很多时候，孩子的焦虑情绪表现得并不明显，可能令人难以觉察，甚至会被误以为是孩子正常的发育过程或阶段性的行为表现等。作为父母，我们要尽早发现、了解引发孩子产生焦虑情绪的各种因素，及时、有效地帮助孩子缓解焦虑情绪。

焦虑的孩子，思维有什么不一样

焦虑的孩子倾向于把并不确定的事情看作危险的先兆，总认为坏事情会落到自己身上，习惯于在所谓的危险没有到来之前反复思考最坏的可能，并因此而感到强烈的不安。

通常来说，一家人出游时，父母会叮嘱孩子："不要在马路上乱跑！""要紧跟着爸爸妈妈！""不要随意和陌生人搭讪！"而对于焦虑的孩子来说，他们反而会不断地问父母："这趟车真的能到目的地吗？""叔叔指的路线对吗？会不会骗我们呢？""缆车的绳索会不会断？"这样的发问会让父母感到孩子话太多，因而产生烦躁感。父母并没有意识到孩子处于焦虑之中，他们认为孩子只是对可能发生的危险感到过度担心。

焦虑的孩子的思维通常有以下几个特点。

》对未发生的事过于敏感

对焦虑的孩子来说，他们总是能从未发生的事情中感知到危险，并觉得这种危险真的会发生，就像自己可以预知未来一样，预测危险成了焦虑的孩子日常生活内容的一部分。

实际上，焦虑的孩子会对许多事情过于敏感。比如，担心水杯不够干净，害怕细菌会让自己生病，于是反复冲洗；担心电梯会突然下坠，于是害怕乘坐电梯，选择步行上下楼；等等。

》总是喜欢把事情往坏处想

焦虑的孩子对于未发生的事情或他认为可能即将到来的危险，总是在想象中将其扩大化，往坏处想。在他们眼中，任何小事情都有可能带来糟糕的结果，甚至是灾难。

比如，体检前，焦虑的孩子就开始担心了："我的身体真的很健康吗？万一检查出疾病该怎么办？""抽血时我会不会晕过去？"又如，参加校运会前，焦虑的孩子会担忧："参加校运会当天，我会不会身体不适？""现在的训练强度合适吗？会不会影响我比赛时的发挥？"

当孩子对未发生的事情产生类似这样的想法时，说明他已经处在焦虑之中了。

　　焦虑的孩子常常让人觉得他小题大做。而且，焦虑的孩子就像戴着有色眼镜一样，很少看到事情积极的一面，总是看到消极的、负面的内容。

　　身陷焦虑情绪之中的孩子的这些思维方式并不容易改变，作为父母，我们应该更多地从他们的思维角度看待问题，先理解孩子，然后帮助孩子化解焦虑情绪。

焦虑会给孩子带来怎样的影响

在生活中，孩子出现适度的焦虑情绪是再正常不过的事情。大自然赋予我们"战斗或逃跑"的反应能力，让我们在面对威胁时可以做出选择：一种是认为自己能够战胜威胁而选择战斗；另一种是认为胜算太低而选择逃跑。

焦虑同样会激活我们的"战斗或逃跑"的反应。出于对威胁的恐惧和焦虑，为了保证自身安全，逃跑也是一种明智的选择。比如，在水边玩耍时，对水有适度恐惧和焦虑的孩子比那些一点儿也不在意的孩子更不容易发生危险，原因就在于适度焦虑让孩子与水保持距离，减少溺水事件发生。

当然，焦虑如果发展到一定程度，就会产生负面影响。它会给孩子造成痛苦，甚至影响孩子的身心健康。总的来说，过度焦虑的情绪会给孩子带来以下几个方面的不良影响。

❯ 带来社交上的困扰

孩子与同龄人交往是必不可少的社交活动，这可以帮助他们获得许多快乐，学习与他人相处，并建立持久的关系。如果孩子害怕与他人交往、内心焦虑不安，他就会远离学校和同学，从而形成恶性循环。

害怕与人交往

待在家、独来独往

错过集体活动、失去友谊

感觉被冷落、孤立

图1-2　社交焦虑产生的恶性循环

❯ 在学习上遇到更多问题

虽然有焦虑情绪的孩子不比正常的孩子"笨"，但经常处于焦虑情绪中的孩子在学习方面出现问题的概率更大一些，这可能是因为焦虑情绪分散了精力。

过度焦虑，会使孩子的学习形成恶性循环：孩子过度焦虑，难以集中精神，影响听课效率，导致学习成绩下降，进而出现更大的焦虑。

图1-3　学习焦虑产生的恶性循环

出现低落的情绪

如果孩子的焦虑情绪过于严重，还可能导致孩子长期情绪低落甚至抑郁。比如，对日常活动失去兴趣，什么都不想干，感觉自己没有任何优点，等等。另外，孩子还有可能出现食欲不振、入睡困难等症状。出现这些症状，就说明孩子的焦虑情绪比较严重，有可能是病理性的，需要专业人士及时进行干预。

改善家庭环境，
别把焦虑"传染"给孩子

父母都想知道自己的孩子为什么会焦虑，甚至有的父母会产生这样的怀疑：是不是自己把焦虑情绪传导给了孩子？或是自己把焦虑情绪遗传给了孩子？父母产生这样的想法，说明父母对孩子的焦虑情绪非常关注。事实证明，焦虑情绪的确可以通过家庭"传染"给孩子，这主要体现在两个方面。

遗传下来的焦虑

遗传学研究人员发现了一些焦虑遗传的论据。有研究显示，父亲或母亲患有焦虑症，那么他们的孩子患焦虑症的风险是未患焦虑症父母的孩子的 7 倍。另外，美国著名心理学家、哈佛大学心理学教授杰罗姆·凯根曾做过一个实验——对约 500 名婴儿进行长期追踪，用严谨的方法证明了天生气质与焦虑情绪存在一定关系。

在实验中，杰罗姆·凯根通过玩具、声音等来逗引婴儿，并拍摄下每个婴儿对此的反应。然后他将那些反应强烈的婴儿归为第一组，大概占 20%；将表现得十分安静的婴儿归为第二组，大概占 40%；其他介于两者之间的婴儿则归为第三组，占 40%。

经过数年时间的跟踪、研究，杰罗姆·凯根发现，那些反应强烈的孩子后来要比表现得安静的孩子更容易产生焦虑情绪。这说明，有些孩子天生就有焦虑的特性，即使长大后的行为表现有所不同，这种焦虑的特性也会一直伴随着他。

需要说明的一点是，虽然遗传是孩子患有焦虑症的一个可能因素，但也有很多出生于有焦虑症患者家庭的孩子并没有患上焦虑症。

▶ 家庭环境导致的焦虑

除了遗传的可能性因素，父母和孩子之间的相处模式也可能让孩子产生焦虑情绪。比如，父母总是试图保护孩子，经常提醒孩子应该这样做或那样做，时刻流露出自己的惊慌和担忧，这会对孩子产生影响，使孩子容易产生焦虑情绪。尤其是本身就有焦虑倾向的孩子，会在父母的不断提醒下强化自己的焦虑情绪。

例如，当孩子将要期末考试时，父母担心孩子考不好，反复提醒孩子："马上就要期末考试了，你复习得怎么样了？""所有知识点你都记住了吗？""考试时一定要认真审题,仔细检查！"父母这种超出正常程度太多的关心，会让孩子对自己的情况做出错误的评估，自己也开始变得焦虑、紧张起来。长期生活在这样的家庭氛围中，孩子会更容易变得焦虑。

由此可见，孩子焦虑情绪的产生会受到遗传与家庭环境的影响。遗传因素我们无法改变，但可以通过后天的教育、调节行为让孩子摆脱焦虑情绪。作为父母，我们最需要做的是为孩子营造一个良好的生活环境，引导孩子通过学习积极的思维方式来纠正自己的心态，从而更好地调控自己的焦虑情绪。

第二章
捕捉焦虑信号，正确识别孩子的焦虑情绪

焦虑出现，危险信号父母要早知道

　　焦虑是孩子成长过程中不可避免的一种心理状态。有时，孩子很难描述焦虑是怎样一种感受，这给父母了解孩子的情绪、帮助孩子化解焦虑造成一定的难度。因此，了解孩子出现焦虑的一些信号，有助于父母做出正确的判断。

　　通常，成年人会掩饰自己的焦虑。而孩子往往会将焦虑明显地表露在外。父母只要善于观察或者足够细心，就可以通过孩子的日常表现和行为来判断孩子是否存在焦虑情绪。

　　比如，当一个孩子去学游泳前，如果他不断地问很多问题："老师凶不凶？""游泳池的水深不深？""有没有救生圈？""下水后，老师会一直在身边扶着我吗？""妈妈，你留下来陪我吧！

我有点儿害怕。"从孩子不停地唠叨关于游泳的一些问题，父母就可以看出孩子内心有一些焦虑情绪了。

如果一说到上游泳课，孩子就不停地哭闹，不想去游泳馆，或者即使到了游泳馆，孩子也拒绝换游泳衣，甚至紧紧抓住妈妈的手不放开并大喊大叫……出现上述这样的一些行为，说明孩子对游泳这件事有比较严重的恐惧和焦虑。此时，父母可以做出让步，让孩子去做点儿喜欢的事，缓解一下孩子的焦虑情绪。

我们可以通过孩子的外在表现判断孩子是否有焦虑情绪。当孩子出现以下这些信号，就有可能表示他正在被焦虑情绪困扰。

（1）经常提出"如果……怎么办"的担忧，无论父母怎样安慰，担忧和焦虑也得不到改善。

（2）面对有挑战性的事情时，总是出现头疼、胃部不舒服等症状，并且抗拒去做。

（3）睡眠紊乱，入睡比较困难或者时常做噩梦。

（4）过于追求完美，对事情或对自己的要求很高，总是觉得做得不够好。

（5）经常性地选择逃避，比如拒绝参加各种活动，甚至不想上学。

（6）固执，缺乏理性，容易冲动、紧张，或者看起来应激过度。

（7）行为突然发生比较大的变化。

此外，我们还可以通过更细微的身体反应来进一步判断孩子的焦虑程度。

前面曾描述过当人产生焦虑情绪时，身体会做出"战斗或逃跑"反应，身体内的去甲肾上腺素和肾上腺素水平会上升，从而引发下述一系列身体反应。

（1）瞳孔放大。焦虑时，瞳孔会放大，可以让更多光线进入眼内，使人看得更清楚、变得更加专注。

（2）肌肉变得紧张。面对焦虑，大脑会做出"战斗或逃跑"反应，为了准备行动，肌肉会变得紧张。

（3）呼吸、心跳加快。处于焦虑状态时，呼吸会加快，心跳也会加快，血压升高，这些都是身体为了应对焦虑而做出的反应。

（4）肚子不适，身体出汗。焦虑时，消化会变慢，甚至停止，所以肚子会出现不适症状；身体可能会出汗，这是身体的一种保护措施，即通过排汗来缓解焦虑。

孩子的身体如果有以上这些表现时，很可能孩子已经处于焦虑情绪之中。如果确定孩子存在焦虑情绪，父母应该采取适当的措施，或寻求相关的帮助，尽可能地缓解孩子的焦虑，让孩子恢复到放松的状态。

了解诱发情境，找到孩子焦虑的原因

生活中有很多情境会让孩子突然变得焦虑，并随之出现一些异常生理反应，比如心跳加速、身体发抖、头晕目眩，甚至感到胸闷和恶心。其实，这都是孩子处于某些特殊情境中的表现。这些情境可能是着急地赶着去学校，也可能是丢掉了某个重要的东西，还可能是独自一个人在房间睡觉……

因此，要想帮助孩子缓解焦虑，首先要找到诱发孩子产生焦虑的情境。

大多数父母对焦虑缺乏足够的了解，因此在识别孩子焦虑情绪时会有一定的困难。事实也证明，父母如果能对引发焦虑的情境有更多了解，就会更善于识别孩子焦虑的诱因，甚至可以分辨出孩子在同一种情境下，焦虑的不同程度。

通常来说，孩子在以下情境中比较容易出现焦虑情绪。

陌生的社交情境

身处陌生的社交场合，比如进入新班级或新学校，面对陌生的老师和同学，孩子可能会因为不知道如何和新同学打交道，或不知道怎样融入集体而焦虑。

充满压力的学习情境

在学习方面，考试是导致孩子出现焦虑情绪的常见情境，有些孩子担心考不好会受到父母的责备或老师的批评。还有些孩子当被要求在课堂上回答问题时，如果对知识掌握不牢或者害怕，也容易产生焦虑。

变化的家庭情境

这一点，前文已经提及，来自家庭、父母的各种压力会引发孩子的焦虑情绪。另外，当家庭搬到新的城市，孩子所处的环境发生改变，离开了之前熟悉的环境，面对新的一切时，也很可能产生不安和焦虑情绪。

当然，了解了可能使孩子产生焦虑情绪的情境还远远不够，我们还需要了解使孩子产生焦虑情绪的具体原因，但这比识别使孩子产生焦虑情绪的情境更困难。

比如，孩子在课堂上为了逃避老师提问，他会低下头或者用书挡着脸。如果孩子告诉父母自己因此而焦虑，那么父母很容易认为孩子焦虑只是因为害怕或害羞。但事实上，在这个情境下导致孩子产生焦虑情绪的具体原因可能有很多，这些具体原因可能是害怕被同学嘲笑，也可能是害怕被老师否定，等等。父母未必真正了解。

由此可见，在帮助孩子克服焦虑的过程中，了解诱发孩子焦虑情绪的情境以及具体原因是非常重要的，这里有一个比较好的方法就是仔细观察。通过观察，确定孩子在什么情境下容易变得焦虑或试图逃避。我们可以从以下三个方面进行观察和了解：

（1）在哪些情境下，孩子看起来很难受，表现出焦躁不安；

（2）日常生活中，孩子对哪些情境容易选择逃避；

（3）身处同一种情境，孩子以前没有焦虑情绪，最近却产生焦虑情绪了，其原因是什么。

上述观察和了解，有助于我们了解孩子焦虑的真正原因。不过，也有一些孩子没有明显的焦虑迹象，但他们会找一些奇怪的借口逃避某些场合，这也需要父母进行更细致的观察，了解其真实原因。

多观察，
清楚地了解孩子焦虑的表现

　　父母想要准确地了解孩子的焦虑情绪并不容易。当我们了解了孩子身处什么样的情境容易焦虑后，并对孩子的日常行为多观察，有助于我们更好地了解孩子焦虑的程度。

　　所谓观察，就是关注孩子在其容易产生焦虑情绪的情境中的行为和表现，其目的是收集孩子相关行为的数据，了解孩子的焦虑程度。具体的观察内容包括日期、情境、孩子的表现、父母的反应等，之后，分析这些信息，改变可能导致孩子产生焦虑情绪的行为。

　　表2-1为观察内容示例。

表 2-1　观察内容示例

时间：5 月 20 日	
	具体内容
情境	小欣正在整理书包，突然想到明天上午有数学课，开始烦躁起来。她说她非常害怕严厉的数学老师。
孩子的表现	小欣一副有气无力的样子，整理书包的速度开始放慢，时不时地叹气，并对妈妈说她明天想待在家里，一点儿也不想去上学。
父母的反应	妈妈一开始有些惊讶，平静下来之后，安慰小欣："你的学习成绩并不差，数学老师虽然严厉，但都是为你们好，没必要害怕。"
时间：5 月 21 日	
	具体内容
情境	小欣正在吃早餐，吃完就要出门上学。
孩子的表现	小欣慢吞吞地吃着早餐，突然说觉得自己感冒了，希望妈妈能向老师请假，让自己待在家里休息。
父母的反应	妈妈摸摸小欣的额头，发现并没有发热，且小欣没有其他症状，就对小欣说赶紧吃饭，吃完饭赶紧去学校。

…………

当我们发现孩子有焦虑情绪时，可以通过上述这样的具体观察来记录孩子的行为和表现。在观察的过程中，我们还需要注意以下一些事项。

▶ 要实事求是

对孩子的行为表现进行观察和记录时，应实事求是，确保观察和记录不带有任何评判性。也就是说，要以旁观者的角度来记录，客观的观察和记录是了解孩子焦虑情绪的前提。

▶ 可以和孩子一起记录

我们在观察孩子的行为时，也可以直接告诉孩子。我们可以说："我正在记录你的言行，目的是之后帮助你缓解可能出现的焦虑情绪。"大多数孩子对于父母的这种做法都能理解，甚至希望由自己来记录。如果孩子想自己记录，我们不妨鼓励孩子自己动手，我们只要协助就好。

当然，如果孩子不喜欢父母这样做，我们可以向孩子解释清楚，告诉孩子这样做是帮助他克服焦虑的一个有用的步骤，而且只是记录而已。如果当时和孩子说不通，可以先停下来，转为暗自观察。

▶ 记录重点内容

在观察和记录的过程中，我们还可以从孩子的老师、同学那里收集一些反馈信息，了解让孩子产生焦虑情绪的情境。在记录时，不需要事无巨细，只需要记录频繁出现、最让孩子焦虑的情境；要重点关注孩子表现出焦虑情绪和出现逃避行为的次数以及具体行为等。

父母观察并记录孩子焦虑的表现，目的是更深入地理解孩子的情绪状态、识别孩子的情绪存在的潜在问题，并为孩子提供及时有效的支持。

正确判断，了解孩子的焦虑程度

　　作为父母，直觉可能会告诉我们孩子现在比较焦虑。但仅靠直觉并不足以判断孩子焦虑情绪的程度。因此，我们有必要学会一些判断方法。这样一来，一方面可以尽早识别并初步判断孩子的焦虑情绪是暂时的、正常的还是病理性的；另一方面通过分析可以获悉导致孩子出现焦虑情绪的原因，以便及时改善。

　　具体应该怎样判断呢？我们可以通过问卷的形式来进行。

　　请仔细阅读以下问题，根据你对孩子的观察做出回答，回答"是"或"否"。

　　（1）孩子害怕一个人入睡，如果强制孩子一个人入睡，孩子会哭闹和表现出不安。

（2）孩子逃避一些特定的情境，比如热闹的市场、人多的公园、集体活动的场所等。

（3）孩子不断地重复一些行为，比如来回踱步、不停翻书等。

（4）孩子经常担心地问"如果……会怎么样"这类问题，即使父母进行安抚，孩子还是表现出十分担心的样子。

（5）孩子频繁地检查书包和作业。

（6）孩子在做决定时总是犹豫不决，担心自己的决定是错误的或者不够好。

（7）孩子非常抗拒和父母分别，坚决要父母陪伴。

（8）孩子害怕细菌、疾病，远离公厕，不接触公共设施，频繁地洗手，等等。

（9）孩子拒绝上课举手发言，不喜欢在同学面前讲话。

（10）孩子时常表现出与焦虑有关的生理反应，比如颤抖、呼吸急促、头晕眼花或恶心等。

（11）孩子过度内疚，对做错的事情难以释怀。

以上这些问题，如果你的回答中有多个"是"，那么孩子很可能焦虑程度较高，你应该寻求更专业的帮助。需要说明的是，以上这些问题并不能作为正式的诊断，只是为我们提供参考。

另外，在判断孩子是否焦虑时，父母还要注意：一、尽可能听取多方意见，比如老师、长辈或孩子本人的意见；二、有些行为是孩子在特定阶段发生的，比如一个 3 岁的孩子怕黑是正常的，面对黑暗所产生的恐惧和焦虑情绪会随着年龄增长而淡化，但是，孩子长到 12 岁时还怕黑就不太正常了。

孩子有一定程度的焦虑情绪是正常的。我们需要关注的重点是确定孩子的焦虑情绪是否产生严重的问题，这些问题是否给孩子造成了痛苦，或者是否严重影响了孩子的学习和生活。如果存在这类情况，父母就需要采取干预行动了。

父母应该知道的焦虑诊断工具

　　做任何一件事情，如果能借助一些工具，或者掌握一些方法，可以让事情变得更加容易。对于了解孩子的焦虑情绪也一样，父母应该掌握一些有用的工具或方法。

　　美国心理学博士布丽吉特·沃克在研究儿童焦虑的问题时，使用了"恐惧温度计""焦虑山（焦虑曲线）"等工具，帮助孩子识别和管理焦虑情绪。这些工具同样值得我们借鉴和尝试。

恐惧温度计

　　"恐惧温度计"指的是将孩子焦虑时产生的恐惧情绪分为10个等级：1代表最小值，表示恐惧情绪最小；10代表最大值，表示恐惧情绪最大。"恐惧温度计"可以帮助我们评估孩子在特定环境下的恐惧程度，也可以帮孩子了解和量化自己的恐惧情绪，具体可以用于以下方面：

（1）了解孩子的恐惧程度；

（2）获取孩子在焦虑时的感受；

（3）用于判断是否需要和孩子进行沟通，以及是否需要实施化解孩子焦虑的具体措施。

当我们觉得孩子处于焦虑状态时，我们可以让孩子自己指出自己的情绪和感受处于 10 个等级中的哪个等级。然后，我们尽可能向孩子多提问，这样做有助于我们更清晰地了解孩子的感受，有助于我们有针对性地制订化解孩子焦虑情绪的计划。

焦虑山（焦虑曲线）

把孩子的焦虑情绪比喻成山，像山一样有起有伏，这非常形象。不过，这里说的"焦虑山"，其实是一条表现焦虑程度的曲线，如图 2-1 所示。可以将它和"恐惧温度计"配合使用，纵轴表示"恐惧温度计"的等级，即孩子在某个特定的情境下产生焦虑情绪的程度，横轴表示孩子焦虑情绪持续的时长。

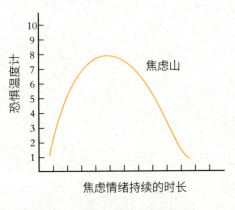

图 2-1　焦虑山（焦虑曲线）

　　我们可以和孩子沟通，根据孩子的情况画出焦虑曲线。借助观察焦虑曲线，我们可以帮孩子理解：正常的焦虑情绪有可能会逐渐地增强，但随着时间的推移，正常的焦虑情绪最终会慢慢缓解。

第三章

正视焦虑，引导孩子走出不同的焦虑困扰

分离焦虑：
独立的孩子才会更强大

在孩子的成长过程中，孩子与照顾者或依恋对象之间会形成安全的联系，这种安全联系是人类最基本的需要，伴随孩子长大。孩子的照顾者或依恋对象可以为孩子提供安全感和舒适感，因此，当孩子离开了这些与自己联系最紧密的人时会产生不安感，产生分离焦虑。

父母是孩子的主要依恋对象，也是会诱发孩子内心产生分离焦虑情绪的主要对象。分离焦虑是孩子担心会失去父母的庇护，是孩子的一种正常的情绪反应，对孩子的成长、安全和心理发展有积极作用。比如，当孩子看不到父母时，会产生焦虑情绪，于是会选择去寻找父母，从而有可能使自己避免因独自一人而陷入危险。

随着年龄的增长，孩子会慢慢理解与父母的分离，开始追求自由，变得越来越独立，分离焦虑对他们来说没有那么可怕了。通常来说，大多数孩子在五六岁时就能成功地接受与父母的分离，但对于那些有分离焦虑障碍的孩子来说，这个过程会比较艰难。

马妮已经 10 岁了，但她还是不敢一个人睡。如果父母要求她自己睡一个房间，她不敢关灯，她害怕黑暗中出现怪物，攻击甚至吃掉她，这样的想法让她不敢入睡。有时，马妮的父母会尝试在睡前通过讲故事或者放舒缓的音乐来缓解女儿的焦虑，可是效果依然不理想。只有父母陪在身边，马妮才能入睡。

另外，马妮和父母参加一些聚会或是在游乐场游玩时，很少主动和同龄人玩，而是一直跟着妈妈，这让她缺少一些她这个年龄该体会的乐趣。此外，妈妈送马妮上学时，马妮会久久地不愿下车，表现得很紧张，抗拒一个人进校门。

对于马妮表现出的分离焦虑，如果不想办法加以干涉和改变，会严重影响她的日常生活和学习。因此，作为父母，我们要观察孩子是否存在分离焦虑。当孩子出现以下这些行为或表现时，就要引起我们注意了。

（1）时常拖拖拉拉，或者故意表现得很"淘气"，以延长和父母在一起的时间。

（2）对于离开家或父母，表现得不情愿和抗拒，甚至哭闹不止或烦躁不安、无精打采。

（3）总担心父母外出后不回来或者会有不好的事情发生。

（4）不愿意独自一个人去参加活动。

（5）不想长时间一个人待在家里，对独自一个人睡觉感到害怕，甚至无法入睡。

（6）时常做噩梦，梦见自己迷路了，或者被遗弃。

对于存在分离焦虑的孩子来说，分离是痛苦的。作为父母，我们要让孩子认识到分离的必然性并帮助孩子建立足够的自信，尝试帮助孩子摆脱因分离而产生的焦虑，具体可以从以下几个方面做起。

▶ 尝试改变孩子的想法

缓解孩子的分离焦虑，第一步要做的是循循善诱，帮助孩子改变大脑传来的错误信息。孩子之所以害怕分离，是因为担心自己一个人无法应对来自外界的危险。我们可以通过增加孩子现实性的想法来改变孩子的过度担忧。

比如，父母可以帮助年幼的孩子将分离焦虑标识为大脑要的把戏，让孩子通过角色扮演的方式给大脑"授课"："大脑，你没必要担心，爸爸很快就会回来的！"让孩子学会用积极的想法代替消极的想法，缓解孩子对分离的焦虑。

帮助孩子树立独立的观念

对孩子过于溺爱和时刻保护并不是好事，这会让有分离焦虑的孩子更加依赖父母。我们知道，被分离焦虑困扰的孩子通常害怕独自去做一些事情。因此，帮助孩子树立独立的观念，让孩子学会独立，是让孩子摆脱分离焦虑的值得尝试的方法。

父母可以对孩子进行分离训练，比如，可以在户外公园和孩子玩捉迷藏游戏，也可以在家里让孩子独自待在房间玩耍等。通过不断地增加父母与孩子分离的时间来培养孩子的独立性，可使孩子尽早摆脱分离焦虑。

增强孩子的安全感

增强与孩子之间的联系，可以让孩子获得更多安全感。事实证明，和孩子一起玩一些能够增强积极情绪的游戏、回忆家庭趣事等，都有利于加强孩子与父母之间的联系，有利于孩子从父母处、从家庭中获得安全感。

对于有分离焦虑的孩子，父母要认可孩子的情绪，并要用同理心去接受孩子的情绪。父母要告诉孩子：即使父母不在他身边，也会时刻想着他。孩子有了安全感，对于分离也就没那么害怕了。

广泛性焦虑：
帮助孩子甩掉无处不在的焦虑感

　　许多孩子都有让自己感到焦虑的事情，甚至有的孩子对任何事情都感到焦虑。他们会莫名其妙地担心一些未发生的事情，会觉得生活中的许多事情都朝着不好的方向发展，坐立不安，注意力下降……这些难以控制的焦虑被称为广泛性焦虑。

　　有数据显示，有 2%—19% 的孩子可能被广泛性焦虑困扰。广泛性焦虑并不存在特定的压力源，而是一种持续的、无明确对象的紧张和焦虑状态，孩子生活在虚构的焦虑中，总是对与自己并无关系的事情感到担心。

西宸是一名六年级学生，他最近对许多事情感到担忧。上学时，他必须早早地出门，他害怕在路上因为出现意外状况而迟到；每次考试前他都如临大敌，经常担心自己考不上中学；他担心爸爸妈妈失业，担心家庭突然出现变故……

焦虑严重影响了西宸的生活，为了避免出现自己所担心的事情，西宸总是小心翼翼地做每一件事情。但由于过于谨小慎微，西宸做事效率大打折扣，很多任务无法按时完成，这又给西宸带来了新的焦虑，西宸的状态变得越来越糟糕。

其实，西宸的这种状态就是广泛性焦虑的表现，这些表现是大脑对恐惧和想象中的潜在威胁产生了过度反应。焦虑不断叠加，逐渐形成恶性循环，越来越严重的焦虑感让西宸无法承受，最终导致精神状态出现问题。

通常来说，存在广泛性焦虑的孩子可能会出现以下行为和表现。

（1）总是提前为一些没有发生的事情做准备，了解事情的细节，并为之制订具体流程。

（2）过于担忧未来，比如担心无法升学，担心自己长不高，害怕无法一个人独立生活，等等。

（3）无缘由地心烦意乱或紧张不安。

（4）非常容易疲劳，难以集中注意力，入睡困难。

（5）害怕做错事，总是重复检查确认；害怕失败，总是追求完美。

（6）对家庭敏感，时刻关注父母的情绪，害怕父母吵架或害怕家庭发生变故。

受广泛性焦虑困扰的孩子，无论吃饭、睡觉，还是学习、游玩等，只要是发生在他身上的事情，都有可能引发焦虑情绪。

因此，要想帮助孩子克服广泛性焦虑，就要帮助孩子建立新的思维方式。以下为大家提供一些已经被证实有效的方法。

▶ 寻求改变，重新聚焦思维

有广泛性焦虑的孩子，其大脑中会有各种各样不切实际的想法，他会为各种各样的事情担心。因此，要想帮助孩子克服广泛性焦虑，就要让孩子学会挑战自己的焦虑思想。

可以让孩子对自己脑中的想法提出疑问，多问问自己："我在担心什么？这件事是不是百分之百会发生？"思考后得出问题的答案，孩子的焦虑就会减少很多。还可以进行一些有针对性的思考，让孩子在思考的过程中管理自己的想法，也可以一定程度上控制当下的焦虑情绪。

接受具有不确定性的或不可控的事情

对于受广泛性焦虑困扰的孩子来说，生活中那些不确定的事情正是他焦虑的开始，他习惯于将这些不确定的事情想象得走向和结果非常不好。因此，让孩子接受生活中的不确定性，并认识到不确定性也是生活的必要组成部分，可以帮助孩子更好地缓解焦虑。

另外，要告诉孩子，任何人都会遇到自己无法掌控的事情，当遇到一些超出自己控制能力的事时，要学会接受"自己不能控制这件事"的事实，放弃纠结和内耗，才能减少焦虑，身心放松。

给孩子设定焦虑的时间

为孩子设定一个特定的时间，可以是一刻钟或半小时，告诉孩子可以在这段时间思考令他感到焦虑的事情，然后将这些事写下来。

经过一段时间后，孩子会发现自己焦虑的事情大多类似，并且，在过去的这段时间，自己所焦虑的事情并未发生，即使有些事情发生了，结果也不像自己想的那样严重。因此，孩子会慢慢变得不再过度担忧那些未发生的事情。

社交焦虑：
建立自信是发展社交能力的基础

在日常的社交活动中，有的孩子会表现得很紧张，甚至恐惧，他们难以正常地与人交流，常常躲在角落里，不愿意参与集体活动。对于孩子的这些表现，我们不能简单地认为是孩子害羞。实际上，这有可能是社交恐惧在作怪。

社交恐惧和害羞表面上看起来很相似，但二者还是有区别的。社交恐惧是孩子中十分常见的焦虑情绪，也被称为社交焦虑障碍，表现为在社交场合中感到非常紧张，害怕被他人评判或审视，甚至可能因此而回避社交活动。

有研究发现，有些社交恐惧的孩子甚至不会向他人寻求帮助，原因在于他们对自己表现出的社交恐惧行为感到惭愧；还有些孩子不觉得自己存在社交恐惧的问题。

米琦喜欢独来独往，多数时候喜欢一个人待着。在学校，她只和几个要好的同学说话，对其他同学表现得很冷淡。在米琦看来，独来独往最令她感觉舒适，而与人接触或交往让她感到焦躁不安。

不管是在家里，还是在学校，米琦都不愿意参加各种聚会或活动，不喜欢热闹的场合，因为在人多的环境中，她总会感到恐惧和焦虑。虽然米琦的成绩不错，但在课堂上，米琦很少与老师互动，不喜欢与老师对视，很少主动发言，一旦发言，她就呼吸急促，脸红冒汗。她喜欢静静地听课。

米琦的情况就属于社交恐惧。虽然这种焦虑源自内心深处，但我们依旧可以通过孩子的外在表现来辨别它的存在。这些外在表现包括逃避与同龄人交往、不爱说话、拒绝各种聚会、逃避单独去商场等人多的地方以及在公共场合表现得非常紧张等。

当孩子表现出上述这些逃避行为时，我们可以判断孩子存在社交恐惧问题，要做的就是帮助孩子消除内心的恐惧，以下方法值得我们尝试。

▶ 给孩子设定一些目标

树立目标的过程有助于孩子思考自己想要实现什么，能够让孩子找到努力的方向和动力。设定目标时，要确保目标是现实的、可以达成的，并且是可以衡量的。

首先，可以给孩子设定一些短期能实现的目标，比如让孩子一个人去收银台结账、向陌生人问路、与门卫交谈等，让孩子获得初步的成就感；其次，给孩子设置一些中期目标，比如参加学校的社团、结交几个新朋友等；最后，可以给孩子设定长期目标，比如毕业前在公众面前进行一次演讲，未来成为一名律师、导游，等等。

家长给孩子设置各种目标，并引导他们一个个地去实现，有助于孩子逐渐从社交恐惧中走出来。

▶ 引导孩子停止负面想法

有社交恐惧的孩子在公共场合常常感到不舒服，很重要的原因是他推测他人对自己怀有负面看法。比如，当孩子讲话或成为众人的焦点时，若看到别人交头接耳，就觉得这些人是在评论自己。而实际上，他人可能只是在小声谈论自己的事情。所以，引导孩子停止推测他人在评论自己很重要，这有助于孩子避免在社交活动中产生焦虑。

要让孩子知道，自己的想法并不代表他人的想法。当孩子不确定他人是否在评论自己时，不要臆想，因为越想象越会加重焦虑情绪。

进行暴露训练

当孩子焦虑时，父母第一时间想到的往往是想办法让孩子回避焦虑。这样的做法是不妥当的，因为如果总是让孩子回避焦虑，那么，孩子焦虑的状态不仅无法改善，还会随着时间的推移变得更加严重。因此，对存在社交恐惧的孩子进行一些暴露训练是有益的。

暴露训练的目的就是让孩子减少回避焦虑的次数，更多地面对焦虑。父母可以从可控的社会交往开始，通过训练，逐渐加深孩子社会交往的程度，从而使孩子对自己的社会交往能力树立信心。比如，两三个家庭组织集体户外露营，父母陪孩子一起在街头发宣传广告等，让孩子更多地暴露在社交中，循序渐进地适应社交环境，进而从容地进行社交。

健康焦虑：
帮助孩子停止对疾病的臆想

　　大多数孩子害怕去医院，对医生做的一切都感到恐惧，孩子有这样的表现和想法是正常的。与此不同的是，有些孩子则对自己的健康感到焦虑，小到总觉得自己哪里不舒服，大到害怕自己可能得了重病，甚至病危等。

　　孩子的这种健康焦虑，有时候也被称为疑病症。有健康焦虑的孩子常常认为自己正在或将会经历某种疾病，长时间陷入担心自己已经生病或可能要生病的焦虑中，从而影响日常生活。

11岁的女孩鲁玉对疾病非常敏感。因为鲁玉小时候比同龄人体弱，上幼儿园时，她隔三岔五不是发热就是病菌感染，总往医院跑，这给她留下了非常糟糕的印象，使她对疾病产生恐惧。

如今，鲁玉的体质比以前好了很多，已经不再频繁生病了，但是她依旧对自己的健康很担忧、焦虑。有时候由于劳累而精神不佳，她就认为自己生病了；有时候有些头疼、肚子不舒服，她也认为自己患了重病。总之，只要身体有一点儿不舒服，鲁玉就异常焦虑。

鲁玉的这些表现，其实就是对健康的过度焦虑。通常，健康焦虑的出现并不是一时产生的，而是由孩子生活中的多种因素长期作用引发的，就像鲁玉之所以出现健康焦虑，一个很大的原因是小时候的经历。此外，长期的压力也可能将心理上的不适转化为对身体疾病的担忧。

如果孩子相信自己病了，那么不管他是否真的生病，这种感觉都是非常不好的。作为父母，我们可以从以下表现来判断孩子是否存在健康焦虑。

（1）孩子对身体的异常非常敏感，担心这是某种疾病的症状。

（2）孩子时常认为自己生病了或者即将生病。

（3）就算进行检查后显示一切正常，孩子还是不放心，怀疑检查是不是出错了。

（4）孩子害怕被细菌感染，避开一些使自己感到担忧的人或地方。

（5）孩子频繁地检查自己的身体，如触摸淋巴结、测量体温、观察皮肤等。

长期的健康焦虑有可能导致身体出现一些真正的不适症状，如头痛、胃痛，还可能造成失眠等。这是因为焦虑的情绪会影响神经系统、消化系统以及内分泌系统等，进而影响身体的生理功能。另外，健康焦虑还会给孩子带来巨大的心理压力，有可能导致抑郁、恐惧等情绪问题。

因此，当孩子对自己的健康过度关注、担忧时，我们应及时帮助孩子摆脱这种过度的担忧。

▶ 帮助孩子缓解对于健康的焦虑心理

（1）倾听与理解：父母一定要花些时间耐心倾听孩子对于健康的担忧，不要轻视、嘲笑或否定孩子的感受，要让孩子感受到来自父母的理解、关心和支持。

（2）提供准确信息：父母要根据孩子的年龄，用简单、易懂的语言为孩子解释身体的工作原理以及一些常见的健康问题。正确的知识可以消除孩子内心对健康不必要的担心和恐惧。

（3）分散注意力：父母要鼓励孩子多参加感兴趣的活动或培养新的爱好，将注意力从担忧健康转移到积极的活动方面。

（4）帮孩子建立健康的生活习惯：父母和孩子一起制订规律作息、均衡饮食和适度运动的计划并实施。这样做，既能让孩子对自己的健康更有掌控感，又能增强孩子的体质。

（5）让孩子掌握一些放松技巧：父母要教孩子一些放松方法，如深呼吸、冥想等。这些方法可以帮助孩子在感到焦虑时平静下来。

重构认知，转变孩子的信念

要想缓解孩子的健康焦虑，就要纠正孩子的错误认知和思维模式，并引导孩子学会用更合理的方式看待健康问题。比如，当孩子认为自己头晕一定是因为大脑有问题时，我们可以引导孩子思考其他可能的原因，如最近压力是否过大以及身体是否疲劳等，并为孩子查找、提供正确的医学知识，让孩子了解哪些情况会导致头晕，让孩子学会合理休息、合理饮食。

另外，我们也可以通过实际行动来让孩子验证自己的担忧是否合理。比如，孩子担心自己的大脑有问题，那么，我们可以带孩子去医院或在医生的指导下进行检查。如果没有相关症状，检查结果并无问题，孩子就可以减少对自己大脑有问题这种情况的担忧。

总之，对于缓解孩子的健康焦虑，除了帮助孩子客观地理解正在发生的事、转变信念之外，父母的支持，比如倾听孩子的诉说，给予孩子理解和鼓励，也可以有效帮助孩子缓解焦虑情绪。但是，对于因健康焦虑而严重影响生活质量的孩子，父母需要寻求专业人士的帮助。

对某些特定事物的恐惧焦虑：
帮助孩子勇敢面对内心的各种不安

　　生活中，有些孩子会对一些特定的事物感到恐惧，并因此产生强烈的焦虑情绪。比如，他们害怕某种小动物、害怕黑暗、害怕雷电、害怕幽闭的空间等，有时，他们甚至听到这些事物的名称都有可能不自觉地产生恐惧情绪，并试图逃离。

　　对于这类恐惧情绪和心理，现代心理学认为其产生于大脑中控制情感的部位，这个部位与大脑中控制理智、评估风险的部位基本没有联系。也就是说，孩子的这种恐惧情绪和心理很难通过理智进行控制。比如，有的女孩害怕老鼠，甚至听到"老鼠"这两个字时会全身紧张、汗毛竖起，可是她也说不清楚自己为什么会这样。

> 　　11 岁的小睿平时表现得非常开朗，对身边的人非常热情。但是，她对一些特殊的事物感到害怕，同学们戏称她是"胆小鬼"。比如，当小睿一个人乘坐电梯时，一进入电梯她就开始心慌，感觉喘不过气来，她非常害怕这种封闭的空间，感觉自己像要被吞噬一般。
>
> 　　另外，小睿对小猫也非常害怕，每次见到小猫，她整个人就像被什么控制住了，手脚不听使唤。小睿害怕小猫会爬到自己身上咬自己……无论小睿怎样告诉自己这些不会发生，也无法消除这种无来由的恐惧和担心。

　　小睿害怕封闭的电梯和小猫就属于对特定事物的恐惧，对于没有这方面体验的人来说，这简直难以想象。其实，生活中有不少孩子像小睿一样存在对某些事物感到恐惧的心理。有数据表明，即使是成年人也存在这类恐惧焦虑，大约有 11% 的人群会对特定事物感到恐惧。

　　那么，孩子为什么会对特定的事物产生恐惧心理呢？

　　一种观点认为，孩子对特定事物有恐惧心理是天生的，孩子先天就倾向于害怕某些事物。另一种观点认为，孩子对特定事物的恐惧是后天形成的，是通过直接经历或间接观察他人的经历而获得恐惧印象的。

上述这两种观点都有道理，它们之间有紧密的联系。即先天的倾向使孩子对某些事物感到恐惧、焦虑，后天的经历加深了孩子对这些事物的恐惧情绪。

不管孩子对特定事物的恐惧是先天的还是后天的，大多数父母对孩子的这类恐惧都不够重视，原因是父母觉得这类恐惧对孩子的生活影响不大，当这种恐惧出现时，孩子只要选择回避，与所恐惧的对象保持一定的距离就好了。

但是，如果孩子对某些事物感到恐惧却不去正视它，那么，恐惧感就会一直萦绕在孩子的心里，并不断扩大、增强，从而对生活造成一定的危害。因此，对孩子的这种恐惧心理进行干预是有必要的。事实证明，对特定事物的恐惧可以通过后天的训练得到改善。父母可以尝试以下这些做法。

▶ 重构孩子对恐惧事物的认知

孩子之所以对特定事物感到恐惧，是因为形成了固有的认知。比如，孩子非常害怕蜘蛛，可能是因为觉得蜘蛛的长相恐怖，也可能是因为之前通过影视作品了解到某些蜘蛛会咬人、有毒等。针对这种情况，我们可以和孩子一起学习有关蜘蛛的知识，了解蜘蛛的习性、种类等，让孩子打破产生恐惧心理的固有认知，重新认识蜘蛛，这样就可以减少孩子对蜘蛛的恐惧。

▶ 进行接近训练

当孩子对某些特定事物感到恐惧时，我们可以让孩子做一些接近训练，逐渐提升孩子对所恐惧事物的适应性。比如，如果孩子害怕蜘蛛，甚至他人提到"蜘蛛"两字孩子就感到不适，那么，我们可以尝试将蜘蛛装在透明瓶子里，然后和孩子一起观察，通过这种安全的接触过程，让孩子对蜘蛛不再有恐惧心理。

总之，要想帮助孩子克服对特定事物的恐惧心理，父母可以考虑将孩子的恐惧激发出来，让孩子勇敢地去面对它，虽然这个过程可能会让孩子筋疲力尽，但是战胜恐惧后孩子会获得前所未有的轻松感，也会感受到自己比想象中更强大。

睡眠焦虑：
用陪伴消除孩子对入睡的恐惧

　　睡眠在孩子的成长过程中是非常重要的事情。然而，有些孩子在睡眠方面存在困扰，总是处于"我怎么都睡不着"的状态。当父母听到孩子这样说时，往往认为孩子是在找借口不睡觉。事实真是这样吗？

　　其实，孩子睡不着的原因可能与焦虑有关。对于有过失眠经历的人来说，一定体会过一整夜睁着眼，时间一分一秒地流逝而自己却无法入睡的煎熬。可以说，睡眠和焦虑就像一对冤家，睡眠让时间平静地流走，而焦虑仿佛让时间静止。

昊天已经是四年级的学生了，却仍和父母睡一个房间。最近，昊天的父母准备让他一个人睡一个房间。当听到这个消息时，昊天非常抗拒，他觉得一个人睡太没有安全感了。在父母的耐心劝说下，昊天勉强答应了。

没想到，昊天一个人躺在床上，看着漆黑的天花板，大脑就开始胡思乱想，他越想越焦虑。于是，他爬起来把灯打开继续尝试入睡，结果依旧很难入睡。有时，他即使睡着了也会突然惊醒，甚至还会做噩梦，这把昊天折腾得一点儿精神也没有了。父母对此非常着急。

像昊天这样有着睡眠焦虑的孩子不在少数。当孩子第一次独自睡觉时，分离焦虑和恐惧就会袭来，焦虑的情绪使大脑不停地运转，于是入睡就变成一件困难的事情。通常来说，有睡眠焦虑的孩子大多有以下表现。

（1）怕黑。这是存在睡眠焦虑的孩子十分常见的表现，孩子觉得黑暗中充满未知的恐惧，藏有某种怪物等，因此会开着灯睡觉。

（2）害怕独自睡觉。有睡眠焦虑的孩子需要父母的陪伴，当父母要求他们独自睡觉时，他们会表现得非常抗拒和不安。

（3）容易夜惊、做噩梦。焦虑会让孩子在睡觉时突然醒来，就像受到惊吓一样，表情看起来非常害怕，但第二天孩子却不记得发生了什么；当焦虑达到一定程度时，孩子还会经常梦见一些可怕的东西或危险情景。

孩子出现这些情况时，父母应该进行更多的观察。虽然这些情况并不一定代表孩子正在受到睡眠焦虑的困扰，但父母如果发现孩子确实因为睡眠焦虑而难以入睡，可以尝试采用以下方法帮助孩子缓解焦虑。

▶ 建立良好的睡眠方式

孩子尽早形成良好的睡眠方式，有助于减少孩子的睡眠问题。相关研究表明，孩子出生后 6 个月内如果存在睡眠问题，那么他们在 5 到 10 岁时再次出现睡眠问题的概率更大。不过，我们没必要过于担心，无论孩子之前有过怎样的睡眠困扰，只要我们现在努力帮助孩子建立良好的睡眠方式，同样可以获得良好的效果。

比如，我们可以在孩子幼儿时期就尝试和孩子分床睡，让他自己入睡。有关研究表明，入睡时有父母陪伴的幼儿要比自己入睡的幼儿醒来的次数更多，这是因为与父母同睡的幼儿对父母的动作和声音更敏感，容易被轻微的刺激唤醒。因此，我们要尽早培养孩子独自入睡，并教会孩子深呼吸、放松、自我交谈等促进睡眠的方法，减少孩子在成长过程中出现睡眠焦虑的概率。

▶ 营造良好的睡眠环境

睡眠环境是孩子是否产生睡眠焦虑的因素之一。父母要确认家里的环境适合孩子入睡，包括房间的温度要合适，不要太热也不要太冷；房间的亮度要适中，可以在床头放置一个小灯，让孩子随时开关；睡前不要让孩子受电子产品等东西的刺激，让孩子在一个舒适的睡眠环境中逐渐消除焦虑。

▶ 通过故事消除孩子的焦虑

许多孩子有在睡前听故事的习惯，那些美好、轻松、有趣的故事很容易让孩子的想象深入其中，听着听着就非常轻松、平和地进入梦乡，这就是故事的魔力。因此，父母可以在孩子入睡前给孩子讲一些积极向上、美好平静的故事，或者和孩子一起进行亲子阅读，让孩子沉浸在故事的情节中，从而忘却对睡眠的焦虑。

需要注意的是，父母要尽量选择情节温馨、内容平和的故事，因为刺激的、令人兴奋的情节会让孩子的大脑难以放松，加剧入睡的困难。

第四章

摆脱焦虑，有法可循

应对儿童焦虑，
父母要懂的"五步"管理计划

很多时候，我们对孩子的焦虑认识不够，对孩子之所以产生焦虑的源头也不明确。因此，在孩子出现焦虑时，我们往往看在眼里，急在心里，却不知道该如何帮助孩子。其实，我们只要掌握适当的方法，帮助孩子摆脱焦虑只是时间问题。

当孩子处于焦虑情绪时，大脑的运作几乎都是为焦虑服务的。因此，父母要想帮孩子摆脱焦虑，就必须阻断孩子的那些连接日常经验与焦虑的无形链接，跳出焦虑的思维，让孩子的想法理性起来。我们可以尝试按照以下五个步骤来应对孩子的焦虑。

第一步：理解孩子的感受

试图说服处于焦虑中的孩子不要焦虑是困难的，孩子虽然不知道该如何是好，但也不想听父母的唠叨和命令。因此，在孩子焦虑时，父母不要一上来就告诉孩子停止焦虑，或者反复强调没必要为某件事焦虑。父母正确的做法是理解孩子的感受。

我们可以给孩子深情的拥抱和温暖的眼神，让孩子了解我们是与孩子共情的。然后对孩子说："我小时候也有过你现在的感受，焦虑确实很讨厌！"父母可以通过共情的语言，让孩子说出内心的话，了解孩子焦虑的原因。

第二步：尝试给焦虑重贴标签

当使孩子焦虑的事件出现时，如果大脑能自动将其识别为"这事与我无关""这是不会实现的"等，那么孩子的心情就会轻松很多。因此，父母可以让孩子尝试给焦虑贴个标签，比如："这只是一个假设的想法，不要相信它。"有了这样的想法后，孩子的焦虑情绪就会缓解很多。

当然，为所焦虑的事情和问题重新贴标签并不会让问题消失，但我们可以对其有所控制。另外，重新贴标签这种做法还可以明确孩子的焦虑和真实想法之间的界限，让孩子对情绪进行分类处理。

▶ 第三步：重新建立认知

帮助孩子重新建立认知，是帮助孩子摆脱焦虑的重要一步。当孩子被焦虑困扰时，父母可以引导孩子对其内心焦虑的想法进行分析，帮助孩子找到使自己焦虑的真正原因。比如，孩子害怕宠物狗，那我们可以引导孩子分析他是看见狗就害怕，还是害怕被狗咬。然后告诉孩子，大部分宠物狗不会轻易咬人，但如果怕狗，就远离它。

引导孩子重新建立对宠物狗的认知，意味着大脑产生了更多真实、理性的想法，即宠物狗和流浪狗不一样，并没有那么危险。一旦孩子对焦虑对象建立了新的认知，就意味着焦虑开始减少。

▶ 第四步：引导孩子去做喜欢的事情

发现孩子处于焦虑状态时，我们要设法让孩子去做他喜欢的事情，让他忙碌起来，这不仅仅是简单地让孩子转移注意力，更重要的是教会孩子支配自己的大脑，使大脑能听从孩子的安排。

所以，孩子焦虑时，不要让孩子无所事事、无事可做，而是尽可能引导孩子忙碌起来。比如，让孩子进行一些体育运动，或者玩一些智力游戏等，这些都可以让孩子暂时跳出焦虑的漩涡。

第五步：给予表扬、奖励

当孩子与焦虑作战时，我们要多进行表扬、奖励，以激发孩子对抗焦虑的热情。我们可以给孩子一些实物奖励，比如小贴纸、零食或者玩具等。进行表扬和奖励还有一个好处，就是改变事情的基调，让缓解和消除焦虑这件事变成孩子积极主动地去做的事情。

需要注意的是，新的行为模式的形成需要一定的时间，表扬和奖励应该持续到新行为形成为止。奖励有助于增强孩子的信心，激发孩子的热情，只要孩子做出能够缓解、解决焦虑的行为，就可以奖励。如果孩子只完成了一半行为，那么奖励也可以折半。

改变认知方式，培养孩子的积极信念

孩子的大脑时刻都在想一些问题，诸如：今天学到了什么，今晚做些什么，明天的考试怎么办……可以说孩子的每一个想法都会影响他的感受，随之孩子会产生各种情绪，包括快乐、愤怒、兴奋、焦虑、恐惧、沮丧等。

焦虑让孩子总是在关注未来可能会发生的不好的事情，或者认为自己做不好某些事情等，从而使孩子形成一种固定的思维方式，这种固定的思维方式让孩子在遭遇焦虑时总是做出相同的反应。

因此，孩子如果能够改变该种思维方式，则会给大脑创造重新判断焦虑的机会，这样一来，焦虑释放的"假信号"就会被识破，焦虑所带来的影响也会随之减少。我们可以尝试引导孩子进行反向的心理调节，即从积极方面看待和思考问题。

▶ 发掘自己的优点

焦虑总是让孩子把事情往糟糕的方面想，孩子很容易变得情绪消极。反向心理调节的第一步就是帮助孩子发掘自己身上的优点，看到事情积极的一面，多想事物好的一面。

认知转变后，孩子即便发现自己在某方面存在不足，也不会因过于关注自己的缺点而焦虑，而是在"我也不差""我也有自己的优势"这样的思维方式中变得积极起来。

▶ 转移认知对象，专注于积极的想法

有时，我们在做事情的过程中，很容易陷入"当局者迷，旁观者清"的状态。当孩子因为某件事感到困扰，一味地将注意力放在这件事上时，他会很容易陷入思维困境，会越来越焦虑、烦躁。

这时，父母可引导孩子转移认知对象，即帮助孩子将注意力集中在积极且有益的想法上。比如：

（1）这只是暂时的，事情不会一直这样不变。

（2）失败并不可怕，我可以从经历中不断学习、进步，只

要不断努力，每一次尝试都会让自己变得更好。

（3）我不能期待自己做每件事都完美无瑕，因为每个人都会犯错，我要做的是学会在错误中吸取教训。

（4）如果因为焦虑而停止行动，那我就输了。我必须继续做事。

············

当孩子有了积极、有益的想法后，焦虑自然就减轻了。

▶ 关注当下，行动起来

孩子焦虑的对象，往往是那些并未发生的事情。我们与其放任孩子担心未发生的事情，不如引导孩子学会关注当下、关注正在发生的事情。比如，当孩子焦虑"考试时很可能出现这个我还没有掌握的知识点""跳绳考核可能过不了""运动会拿不到名次怎么办"时，可以让孩子暂时放下这些想法，想一想自己当下能做什么。

积极行动就是很好的方法，比如，孩子现在开始攻克自己薄弱的知识点、练习跳绳、进行体能训练等。孩子一旦忙碌起来，焦虑就相应地减少了。

引导孩子进行情绪宣泄，
让孩子从焦虑中解放出来

　　当孩子焦虑时，大脑充满了不安、恐惧的想法。如果孩子不将这些想法宣泄出来，或者缺乏外在的干预，焦虑情绪就会不断萦绕在孩子的大脑中。因此，父母要想帮助孩子赶走焦虑，引导孩子宣泄情绪是非常有效的手段。

　　著名心理学家弗洛伊德曾对有心理问题的人采用自由谈话的方式进行治疗。他发现，在谈话过程中，对方会喋喋不休地说出自己内心的真正想法，宣泄自己的消极情绪。当对方诉说完心里的想法后，神奇的效果出现了——其糟糕的情绪得到了缓解。原来，宣泄情绪可以恢复心理机能（指人的心理过程和心理活动在某一方面的功能表现），消除内心的障碍。

亚奇最近的情绪有些糟糕，很容易焦虑。比如，周末刚开始，亚奇就在为周一要考试而感到焦虑。亚奇时刻都在担心考试，且认为周末很快就会过去，自己根本没有心思休息，这让亚奇觉得很痛苦。周六结束后，亚奇想到只剩一天时间就考试了，愈发觉得焦虑，他多么希望时间能够停止。

亚奇的爸爸妈妈发现亚奇处于焦虑中，建议亚奇可以尝试找朋友聊聊天，吐露自己内心的想法；和爸爸妈妈爬爬山，向远方大喊，宣泄情绪；等等。这样做或许可以让亚奇摆脱焦虑情绪。

亚奇听了爸爸妈妈的建议，约朋友出去玩耍，果然，他的焦虑情绪明显得到缓解。

当孩子懂得给消极、焦虑的情绪一个宣泄出口，那么焦虑、不安等情绪就会渐渐变淡；当孩子把注意力集中在有趣、有益的事情上，他们就会感到快乐、满足和平静。对于有焦虑情绪的孩子，父母可以引导他们学习以下这些宣泄情绪的方法。

▶ 进行自我鼓励

当孩子受困于焦虑情绪时，我们可以引导孩子多想想生活中那些令他开心的事或积极向上的事，进行自我鼓励。告诉孩子，有些事情没有什么好担心的，只要敢于面对，总会有解决办法，事情也总会过去的。

自我鼓励适合应对孩子遭受挫折或是丧失信心时产生的焦虑，自我鼓励可以改变孩子的精神状态，缓解孩子的焦虑情绪。如果孩子觉得自己什么事都做不成，对自己丧失了信心，那么，父母要引导他尝试进行自我鼓励，这是恢复自信心的有效方法之一。

▶ 与自己谈一谈

正确地看待焦虑，平静地接受焦虑，才能逐渐化解焦虑。认知取向的心理学流派认为，人们在为焦虑情绪所困扰时，应该学会与自己交谈，通过交谈，听到内心坚定、自信的声音，可以有效减轻焦虑的程度。

比如，亚奇为即将到来的考试而焦虑时，可以与自己的内心交谈："我在担心什么？我一定会考砸吗？即使考砸了又会怎样呢？不，我只是想得太多而已。我担心的事还没有发生，为什么要焦虑呢？"通过一系列内心问答，亚奇的焦虑会有所缓解。

所以，当孩子感觉焦虑时，我们不妨教会孩子自言自语。孩子在与自己交谈的过程中，要有意地让"积极的自己"说服"消极的自己"，从而接受事实，缓解进而化解焦虑情绪。

坦然宣泄负面情绪

孩子如果将焦虑藏在心里，一个人默默地承受，焦虑就会越来越严重。如果孩子一直找不到宣泄情绪的出口，焦虑有可能变成抑郁。因此，孩子在为某些事感到担忧、焦虑时，最好的方法就是将内心的担忧和焦虑说出来。孩子可以向朋友倾诉，也可以找个安静的地方大声喊出来。

作为父母，我们应该时刻关注孩子的情绪。日常生活中，多引导孩子与家人、朋友分享自己的喜怒哀乐，引导他们说出自己内心的担忧，这对消除孩子的焦虑情绪大有益处。

减轻孩子的压力，缓解焦虑情绪

　　我们生活在一个充满竞争的社会，常面临许多困难和压力，这是导致人们产生焦虑的主要因素之一。我们有各种各样的事情需要解决，孩子有许多问题需要父母解答，尤其是身处焦虑情绪之中的孩子。从根本上来讲，孩子的恐惧和担忧无论程度轻与重，无论是真实存在的还是想象的，都会给孩子造成负面影响。

　　因此，面对焦虑的孩子，我们要把自己当作一个指导者，设身处地地想一想该如何引导正处在焦虑中的孩子，如何帮助孩子在日常生活中建立压力防护网，尽可能地使孩子减少焦虑情绪的产生。

小洛的学习成绩不差，但父母对她的期望很高，希望她每次考试都可以拿满分，这让小洛对考试产生了一种莫名的恐惧。每当临近考试时她就会感到焦虑，一进入考场她就开始担心，脑海中浮现的不是考试的内容，而是各种莫名的恐惧：害怕写错别字，害怕把题目理解错，害怕考试时间不够，害怕成绩不好……

种种担忧让小洛每次考试都发挥不好，本来会做的题，也因为考试过程中状态糟糕而出现失误。小洛的成绩让班主任很是不解：明明小洛上课时的状态很好，作业完成得也很及时，为什么考试成绩总是不理想呢？

为了帮助小洛，班主任和小洛谈了话，并和小洛的爸爸妈妈进行了沟通。通过交谈得知，小洛是因为害怕考不好让爸爸妈妈失望，所以一到考试就焦虑。

父母在一定程度上是孩子压力的制造者。压力虽然是孩子生活中不可或缺的一部分，但是压力过大有可能让孩子陷入焦虑，就像小洛因成绩压力而对考试产生恐惧一样。父母应该让孩子自己对学习、生活做出合理的选择和安排，而不是强制性地为孩子做出选择和安排，对孩子提出过高的要求。

过大的压力造成的负面影响是巨大的，它会对孩子的睡眠、记忆、情绪等产生影响。因此，我们要时刻关注孩子的心理压力，并用一些简单易行的方法帮助焦虑的孩子减轻压力。

保持良好的亲子关系

良好的亲子关系对于缓解孩子的焦虑情绪非常重要，可以使孩子有安全感，有助于孩子应对焦虑，缓解焦虑情绪。

我们平时可以多安排一些与孩子玩耍的时间，多做一些有益的户外活动，让孩子沉浸在有父母陪伴的安全感之中。父母如果因为工作忙碌，抽不出时间和孩子去户外活动，也要尽可能地在忙完工作之后与孩子多进行交流，哪怕是简短的交流，也有助于孩子缓解心理压力。

改善饮食和睡眠

如果孩子经常吃汉堡、薯条、可乐等食物，则需要做出改变，尽量少吃这些食物。另外，含咖啡因的食物也会让焦虑的孩子更加敏感和紧张，也需要戒掉。如果吃零食，水果、坚果是更好的选择。

良好的睡眠可以使焦虑的孩子恢复精力。父母要和孩子一起制订合理的晚间时间安排，尽可能让孩子早点儿上床休息，甚至可以通过奖励的方法来让孩子养成良好的睡眠习惯。

进行适量的运动

运动在一定程度上可以缓解焦虑情绪。因此，我们要陪孩子进行适量的运动，让孩子身心得到放松。

我们可以根据孩子的情况，制订合适的运动计划，跑步、骑行、跳绳、散步等都是可供选择的运动。我们也可以让孩子参加夏令营或户外露营活动等，这些活动对消除孩子的焦虑情绪会有很大帮助。

进行正念减压，
让孩子获得内心的平和

正念，强调有意识、不带评判地察觉当下。西方心理学家将正念的概念结合心理学的知识，发展出以正念为基础的心理疗法——正念减压疗法。正念减压疗法是一种结合冥想、呼吸练习和身体觉察的心理干预疗法，实践证明，它对焦虑、抑郁等情绪有很好的缓解作用。

正念减压疗法的创始人是美国医学教授乔·卡巴金。他认为，正念就是有意识地觉察，专注于当下这个时刻，不附加主观的评判。因此，我们可以借用正念减压的方法，从以下三个方面对焦虑的孩子进行引导，并加以训练。

▶ 引导孩子有意识地觉察

焦虑中的孩子往往忽视正在做的事情，而将注意力放在未发生的事情上，并由此产生焦虑。因此，让孩子有意识地关注自己正在做的事情非常重要。

比如，当孩子出现焦虑情绪时，父母可以引导孩子察觉并描述此时此刻看到的、闻到的、尝到的、摸到的或听到的种种，让孩子将注意力集中于当下这一刻，打断孩子的焦虑。另外，父母也可以引导孩子针对其心中灾难性的想法，问问自己："这是绝对真实的吗？"帮助孩子意识到他心里想的糟糕的结果只是想象，而非现实。

对于焦虑的孩子来说，有意识地觉察当下有助于他发现生活中的积极因素，不被自己固有的消极思维限制住，从而摆脱焦虑思维的禁锢，发现并接受更多积极的观念。

▶ 引导孩子专注于当下

对于已经发生的事情，我们无法改变；对于那些还未发生的事情，我们也无法预测。因此，专注于当下才是最好的选择。焦虑的孩子总是忽略现在，而着重于思考过去或未来，往往会为无力改变的过去而后悔，为难以预测的未来预设出消极的结局，从而加重自己的焦虑程度。

正念训练就是让孩子的思维专注于当下，当孩子回想过去的事情或幻想未来时，让孩子主动将注意力拉回当下，关注自己现在的状态。

比如，当我们发现孩子处于焦虑状态时，我们可以寻找一个安静、舒适的环境，和孩子一起进行正念冥想训练。让孩子坐在舒适的垫子上，闭上眼睛，专注于自己的呼吸，感受吸气时气体进入鼻腔的清凉、呼气时排出气体的温暖。当其他思绪闯入头脑时，我们不要刻意排斥，而是平静地接受它们，然后让注意力重新回到呼吸上。

通过这样的练习，孩子的专注力会有很大提升，而且可以及时阻断负面思维，有助于孩子摆脱焦虑的情绪。

❯ 引导孩子遇事不主观评判

当遇到事情时，孩子往往会迫不及待地给事情下定义，判断这件事是好是坏，或是否有意义等。这种评判是十分主观的，一旦对事情产生评判，孩子的心中就会不自觉地接纳那些对自身有利的内容，在遇到与自身观点相违背的观点时，很可能产生消极情绪，并抵触这些观点。

正念训练有助于孩子逐渐地不再主观评判事情的好坏，而只是关注发生的事情本身，然后如实地接纳事实。这样，孩子就不会因为某些事情而产生极大的心理波动。另外，不对事情进行主观判断，还可以使孩子避免产生失望等消极情绪。

孩子学会使用正念减压疗法后，外界事物对孩子的影响会逐渐降低，孩子的内心也会变得更平和，即使在生活或学习上遇到了不顺心的事情，也不会陷入烦躁或焦虑情绪中不能自拔。

学会和解，
减少家庭带给孩子的焦虑

对于任何一个家庭来说，应对焦虑都是一个巨大的挑战。每个家庭都可能有各种各样的压力，每个家庭成员都有各自的责任。父母为了工作忙碌，孩子为了学习忙碌，每个家庭成员如果不能调整好各自的精神状态，那么，压力和焦虑就可能笼罩整个家庭。

焦虑通常会在家庭成员之间产生连锁反应。因此，父母如果不能管理好自己的情绪，那么想要帮助孩子管理或控制情绪就会成为一件困难的事，尤其是在帮助孩子缓解焦虑方面。轻松、和谐的家庭氛围更有利于孩子情绪好转。

在应对孩子的焦虑情绪时，沟通至关重要，这一点很容易被父母忽视。我们需要思考与孩子的沟通是不是有效，孩子有没有坦诚倾诉，父母有没有认真倾听。孩子会以不同的方式传达担忧和焦虑，我们如果对孩子的言行做出错误的判断，就会加剧孩子的焦虑情绪。

因此，在家庭环境中，为了更好地缓解孩子的焦虑情绪，我们应该做好以下几点。

▶ 对孩子不要有过高的期望

父母都希望自己的孩子优秀，对孩子充满各种期望。比如，希望孩子的学习成绩名列前茅，希望孩子能够在比赛中获得好的名次……这些期望会使有些孩子产生焦虑，孩子害怕让父母失望，整天为自己是否符合父母的期待或能否变得更"优秀"而焦虑。

因此，在生活和学习上，父母对孩子的要求要合理，不要给孩子过大的压力。

▶ 沟通时语言要简洁明了

孩子处于焦虑状态时，往往没有耐心听父母说的话或接受父母的建议。因此，我们在和孩子沟通的过程中，说话要简洁明了，意思要明确，并给予孩子安慰。尤其要注意：我们不要总是重复和强调自己说的话，因为这会让孩子更加厌烦。

▶ 保持足够冷静

当孩子处于高度焦虑的状态时，父母的情绪很重要。父母要尽可能保持冷静，用温和的话语和孩子沟通。虽然这有一定难度，但父母冷静地处理事情的态度会影响孩子，会让孩子逐渐平静，并学习父母冷静应对事情的方式。

▶ 表达时多用积极的语言

在家庭中，不论孩子是做错了事，还是在闹情绪，我们都应该避免用负面的语言和孩子沟通，而要多用积极的语言。

比如，在孩子焦急地收拾书包时，我们不要说："快点儿啊！东西装齐了没有？小心迟到挨批评！"这样的负面话语会让本就处于慌乱中的孩子变得更加情绪化。而我们把表达换成："加油！你的速度真快！做事越来越利索了。"这样的正面话语则会让孩子的情绪得到缓和。

▶ 张弛有度

作为父母，我们要思考在自己与孩子之间哪些方面是需要界限的，哪些事情不能让步，哪些事情可以让步。同时，在处理孩子的焦虑情绪时，我们要张弛有度，要让一些规则变得更灵活，这样做可以避免我们和孩子发生不必要的冲突。

父母通过日常的言行，降低家庭的焦虑氛围，减少孩子的焦虑情绪，增强孩子的安全感和信任感，帮助孩子建立稳定的情绪基础、健康的应对机制和积极的心理状态。

Part 2

走出抑郁，
让孩子遇见更好的自己

第五章
直面低落的心情，与孩子一同认识抑郁情绪

抑郁情绪和抑郁症不一样

　　人类有六大跨越文化的共同情绪，它们是快乐、悲伤、恐惧、惊讶、愤怒、厌恶。这六种情绪又可以组合，形成其他情绪，抑郁情绪就是其中之一。严格来说，抑郁情绪不是一种单一的情绪，而是包含一组消极的情绪，包括沮丧、困惑、痛苦、绝望等。

　　比抑郁情绪更让人害怕的是抑郁症。孩子如果有抑郁症倾向，那对于父母来说如同晴天霹雳，会给父母造成巨大的心理压力，甚至造成心理伤害。因此，对于父母来说，正确地认识抑郁情绪和抑郁症是非常有必要的。

　　抑郁情绪，简单地说就是孩子在遇到伤害性和挫折性的经历时产生的低落、悲伤、沮丧等情绪，这种情绪是所有人都会有的正常的情绪体验。而抑郁症也被称为抑郁障碍，它会出现显著、持久的心情低落，严重影响生活和学习。

那么，如何分辨孩子是否有抑郁症倾向呢？通常，可以从以下几个方面进行观察。

▶ 身体发生巨大的变化

研究表明，抑郁症会降低人体的免疫功能，使身体发生一些变化。如果孩子突然饮食不规律，缺乏食欲，体重在短时间内上升或下降明显，失眠或嗜睡，精力不足，时常出现头痛、胃部不舒服或胸闷等不适症状等，在检查排除了一系列其他病症后，父母就应该考虑孩子是不是患有抑郁症。

▶ 行为变得异常

严重的抑郁情绪会影响孩子的日常行为。如果孩子在基本的生活自理方面出现难以完成的情况，比如起床、刷牙、穿衣服等要花很长时间，对本来感兴趣的东西、事情失去兴趣，总是表现出一副无精打采的样子，这些都可能意味着孩子有抑郁症倾向。

思想上变得消极

有抑郁症倾向的孩子，注意力难以集中，健忘，学习新知识比较吃力；思维变得迟钝、消极、扭曲，他们会对自己做出片面和负面评价，认定自己没有任何优点，不值得被爱；对未来感到无望，什么也不想做，感觉没有任何盼头。

另外，有抑郁症倾向的孩子还会表现出严重的自卑、悲观心态。他们的自我效能感很低，在各个方面都觉得"我不够好""我做不到"，甚至有可能觉得自己没有价值，出现放弃生命的念头。

社交上退缩、逃避

当孩子身体不适、情绪低落、认知消极时，他在人际交往方面的表现也会随之变得糟糕。比如，对与人交往抱有怀疑、紧张、恐惧的心态，在人际交往中表现得格格不入，或出现沉默寡言、退缩等行为。

以上是有抑郁症倾向的一些外在表现。需要注意的是，这些症状必须是多项同时发生，且持续时间较长，才有可能是抑郁症。比如，孩子因考试成绩下降，把自己关在房间里，但是吃饭和睡觉都正常，那么这很可能就是因一次考试挫折而产生的抑郁情绪；相反，孩子如果把自己关在房间里长达数天，不吃饭、不理家人，那很可能是有抑郁症倾向了。

所以，分清楚孩子的状态是抑郁情绪还是有抑郁症倾向很关键。如果孩子只是出现短暂的抑郁情绪，父母就没必要过度担心；如果孩子的抑郁情绪持续了很长一段时间，我们就应该及时采取行动，寻求专业人士的帮助。

抑郁的对象：
为什么学霸也会有抑郁情绪

　　抑郁是每个人都可能有的一种消极情绪，它并不只出现在那些在某些方面看起来很糟糕的孩子身上，实际上，就连那些在别人眼中很优秀的孩子也可能抑郁。事实证明，有许多优秀的学霸型孩子也会被抑郁困扰。作为父母，我们要打破刻板印象，时刻关注孩子的不良情绪。

　　辛炎在六年级时从县里转入了市里的新学校。之前在县里上学时，他学习成绩优异，被同学们称为学霸，平时很受老师关注，也经常受到同学和家长的夸奖。所以辛炎心情一直很愉快，和同学也相处得很融洽。

可是，因为爸爸妈妈工作调动，辛炎转到市里的学校上学。来到新学校，辛炎才发现优秀的同学太多了，很多同学不仅学习优秀，还有许多特长。本来辛炎在县里的学校成绩一直名列前茅，但来到新学校后，他的成绩只能位居中游，这样的落差让辛炎变得情绪低落，行走在抑郁的边缘。

好在辛炎的父母非常关注辛炎的状态，并积极和老师沟通、协作，一起开导、帮助辛炎。辛炎慢慢地接受了这一切变化，逐渐适应了新的学习生活。

其实，像辛炎这样的情况并不少见。许多优秀的孩子或者学霸也会抑郁，主要有以下几点原因。

总忽视好的一面，对不足非常敏感

学霸，意味着学习成绩优异，且一直努力追求更好的成绩。学霸的眼睛看到的更多的是自己存在的不足，而不是已经取得的成绩。他们的精力会花在自己掌握得不扎实的知识上，愿意挑战非常难的知识点。再加上父母也总是强调如何弥补不足，这样时间长了之后，孩子会对"不扎实之处"和"不足之处"特别敏感。

孩子如果能够顺利地解决这些"不扎实之处"和"不足之

处"，就能保持良好的情绪。相反，孩子如果长期无法突破某些问题，或者过于苛求自己，情绪就会变得沮丧，严重的甚至可能变抑郁。

▶ 容易对自我认同感产生怀疑

学习优秀的孩子通常会升学进入名校，出现在他们身边的是更加优秀的人。试想，一个孩子从小成绩优秀，是班里的学霸，当他升学进入重点中学后，他会发现以前在班里名列前茅的自己，在现在的班里只能算是中等，这样的落差会对孩子的自我认同感产生巨大影响。

为此，孩子会更加努力地去追赶，希望在新的环境里再次证明自己。孩子如果在这个过程中遇到挫折，难免会产生一些自卑、失落的情绪。如果长期无法取得进步，或者对自己的要求过高，时间一长孩子就有可能陷入自我怀疑、抑郁的情绪中。

▶ 过高的期望导致压力巨大

学习成绩优秀的孩子，不仅受到老师的关注，也受到父母的关注。不论是老师还是父母，都对其抱有较高的期望。这份期望会对孩子产生无形的压力，有时可能让孩子处于煎熬的状态——如果成绩不理想或没考上理想的学校，他就会产生"我很没用"

等这类消极情绪。

老师和家长的期望会让孩子产生"考好是应该的，考不好就太不应该了""必须考好"等完美主义思维，这些都可能导致孩子产生抑郁情绪。

优秀的学霸型孩子，往往有非常强的自尊心和极高的目标，做任何事情都追求完美，因此，当他们在适应新环境或遇到挫折时，他们很难接受失败，但又不甘心逃避。于是学霸型孩子在继续努力的路上一边焦虑，一边计较成败，情绪非常容易起伏，如果控制不好，就很有可能陷入抑郁。

为什么每个孩子的抑郁易感性不同

抑郁情绪有可能出现在每个孩子身上。但是只要我们细心观察就会发现：有的孩子整天乐呵呵的，很少被抑郁情绪所困扰；而有的孩子则容易闷闷不乐，经常陷入抑郁情绪中。都是孩子，或者都是同龄的孩子，为什么会出现这样的差别呢？这就要从一个人类发展理论——差别易感性假说说起了。

差别易感性假说指出，人可以分为两种类型：一类是蒲公英型，另一类是兰花型。

蒲公英型

蒲公英型的人，适应性很强，对环境的要求不高，就像蒲公英的种子一样，不论是落在岩缝里，还是落在肥沃的土壤中，都能快速成长。这类孩子对养育的条件不敏感，一般不会出现较大的错误，但也很少有突出的成就。

蒲公英型的人，在大家眼中是正常的、坚忍不拔的，是耐粗放型管理的。虽然他们的创造力有限，但稳定性很强。因此，在艰难时刻，这种类型的孩子往往能发挥重要作用。

兰花型

兰花型的人，高敏感，显得比较矫情，往往只能在特定的环境中正常发展，对环境有苛刻的要求，就像兰花一样，要有适宜的温度、湿度和光照，否则就不容易长好。这种类型的孩子在不适宜的环境中，容易出现一些消极的行为，但是只要身处适宜的环境，就会变得非常优秀。

兰花型孩子虽然情绪有时不稳定，但是创造性很强。只要有适当的环境，他们就能成为引领者，在遇到重大变革时，往往会成为推动进步的中坚力量。

总结来说，蒲公英型的孩子较钝感，对环境的适应性强，韧性也强，但弹性和可塑性不足。兰花型的孩子心思缜密，敏感，对压力的反应较大，但对环境的适应性和韧性不足。如果想要让他们保持良好的情绪，就必须给予他们适宜的外部条件。

正是因为不同类型的孩子具有不同的特点，所以他们对抑郁的易感程度也不同。因此，家长应观察孩子的个性和特点，采取差异化的养育策略，以降低孩子抑郁的风险。

识别抑郁情绪，
不同的孩子抑郁表现也不同

前文提到抑郁情绪并不是一种单一的情绪，而是一组消极的
情绪。也就是说，抑郁可以有多种表现。如果把抑郁比作一个容
器，那么各种消极的情绪都可以往里面装。当不同的孩子陷入抑
郁情绪之中时，他们的表现会有所不同。

通常来说，孩子抑郁时主要会有以下表现。

▶ 情绪变得低落

抑郁会让孩子的情绪变得低落。比如，以前总是嘻嘻哈哈、
活泼开朗的孩子突然变得闷闷不乐：他们觉得"心里难受""感

到压抑"，有人表现出难过和痛苦，有人则表现出委屈和无助。孩子的情绪在一天中也会出现细微的变化，但是以低落为主。

情绪失控，容易暴怒

并不是所有抑郁的孩子都会表现为情绪低落。研究发现，有些抑郁的孩子容易发怒，也就是说他们容易被激怒。比如，有些孩子表现得很烦躁，会因为一些小事大发脾气，或者对父母的合理要求非常抗拒，情绪容易失控，甚至出现攻击行为。

焦虑

抑郁的孩子也容易焦虑，情绪经常在焦虑和抑郁之间来回切换。有些孩子会为各种事情担忧，比如，担心好朋友不理自己，害怕考试不及格等；有些孩子还会莫名地出现紧张、心慌等焦虑症状。

大脑迟钝，思维不够敏捷

抑郁的孩子往往有各种消极情绪，且往往出现注意力涣散、记忆力减退、大脑的反应速度变慢等情况。有时，灵活的大脑仿佛突然间生锈了，导致孩子不仅爱忘事，而且做事总是慢半拍。另外，与人交流时，可能语速也会变慢，声音变得低沉。

▶ 对许多事情失去兴趣

孩子抑郁时，会对以前感兴趣的事情或活动突然失去热情，而且对其他事情同样提不起一点儿精神，仿佛没有什么事能让他开心。在日常生活中，孩子体验不到快乐，难以获得乐趣，觉得身边的一切都"没意思"。

▶ 逃避社交

处于抑郁情绪之中的孩子，对于社交活动没有兴趣，他们可能回避任何社交活动，不愿意和周围的人接触，总是一副与他人保持距离、沉默寡言的样子。另外，他们喜欢待在自己的房间，不愿意外出，对结交朋友没有兴趣。

▶ 常感觉身体不适和疲倦

抑郁的孩子常常表现出无精打采的样子，感觉乏力，以"没精神""不想动"为借口，不去做任何事情。另外，他们还可能出现身体不适，比如头疼、胸闷等，或者说不出的难受感。

▶ 饮食、睡眠异常

抑郁还会导致孩子食欲不振，不想吃东西；或者暴饮暴食，以吃东西来缓解情绪。在睡眠方面，抑郁的孩子大多晚上睡不着，入睡后容易惊醒、做噩梦等；早上起床困难，出现睡眠不规律，甚至黑白颠倒。

以上这些表现是处于抑郁中的孩子可能出现的症状。但是，每个孩子年龄不同、生活环境不同、抑郁程度不同，外在表现有可能存在差别。作为父母，我们应该时刻关注孩子的状态。如果孩子出现以上多种情况，我们就要多加关注，考虑孩子是否有抑郁倾向。

抑郁情绪会对孩子造成哪些危害

生活中，有不少父母认为："我的孩子只是状态不好，情绪比较差而已，不至于到抑郁的程度吧！"的确，我们没必要过度担心孩子会抑郁，但也决不能完全放松警惕。

如今，抑郁情绪在孩子中比较常见，而且随着年龄的增长呈现上升趋势。很多时候，父母对抑郁的认识不足，是因为它没有一个明确的界定标准，很难进行量化衡量。因此，我们往往容易忽视它的存在。

忽视抑郁，并不意味着它会消失。当抑郁真的缠上孩子时，它造成的危害是巨大的。通常来说，抑郁会对孩子产生以下影响。

▶ 影响大脑的发育和正常功能

有专家通过脑成像设备观察到,健康人的大脑和有严重抑郁情绪的人的大脑是不一样的。当人心情很糟糕,就会容易忘事、记忆力变差;如果连续几天睡眠不好,大脑的反应就会变得迟钝。可见,当人抑郁时,大脑状态是紊乱的。

另外,长期抑郁会使大脑皮层活性降低,神经递质失调,影响大脑的发育和正常功能。比如,抑郁情绪严重的孩子会有难以集中注意力、不能专注地学习、经常忘事等表现,甚至出现神经衰弱、偏头痛等症状。

▶ 生活无序、学习成绩下降

孩子一旦出现严重的抑郁情绪,这种情绪就可能持续很长一段时间——短则几个月,长则一两年。如果不及时进行干预,还会持续更长时间。长时间的抑郁情绪会对日常生活和学习产生严重影响,比如,生活变得杂乱无序,学习热情和学习能力降低,学习成绩下降等。

▶ 引发精神或心理问题

轻度的抑郁情绪如果得不到及时调整,就会逐渐发展成严重的精神或心理问题。有研究表明,不少抑郁情绪严重的孩子,会出现"品行障碍"，表现出严重的行为问题，包括有攻击性倾向、破坏物品、逃学、离家出走等。

▶ 抑郁可能在成年后复发

抑郁容易因为受刺激而出现反复。国外有研究显示，曾有过抑郁的孩子在长大后，超过三分之二的人会复发，重新陷入抑郁的阴霾中。这会影响他们的学业或人际关系的发展，最终导致对生活的满意度降低。

为什么说抑郁情绪也有存在的意义

抑郁情绪是诸多不良情绪之一。不少父母在听到"抑郁"两个字时，心里马上会产生"坏了""糟糕"等负面想法。在有些父母看来，抑郁是一种病，危害很大，而且很难治好。其实，父母有这样的想法是因为对抑郁情绪不够了解。

抑郁情绪并没有那么可怕，它之所以能够在人类进化的过程中一直存在，是因为其在一定程度上可以起到适应性的作用。

促进自我反思

当出现抑郁情绪时，人们通常会反思自己的行为、状态等。这种反思有助于我们发现自己存在的问题，并思考如何改进。

比如，一个孩子因为在学校不合群、没有朋友而抑郁，他可能会反思自己是不是性格不好，或者是社交的态度、方式不对等，从而促使他尝试做出改变，以更好地适应环境。换句话说，自我反思可以促进人际关系。当孩子与他人发生冲突或人际关系出现问题时，抑郁情绪可能促使孩子反思自己在人际关系中的行为模式，以便更好地与他人相处。

增强情感体验的深度

经历过抑郁情绪的孩子，在情绪好转后，可能会对生活中的积极情感有更深刻的体验，可能会更珍惜。比如，一个一直身处糟糕的家庭关系之中而变得抑郁的孩子，在他进入一个友好、和睦、温馨的新环境后，可能会非常珍惜与他人友好相处的时光，对生活中的小美好也会有更强的感受力。

此外，抑郁情绪还会让孩子对他人的痛苦有更多同理心。自己因为经历过痛苦，所以更能理解他人的困境，从而在人际交往中表现出更多理解、关心和支持。

促进孩子的自我调整

抑郁情绪还可能是身体在向我们发出信号，表明当前的生活方式或环境可能不适合我们，比如，过于沉重的学习压力、不良的同学关系等。这其实也是在提醒孩子需要调整自己的生活策略，如适当地放松、结交志同道合的新朋友等。

另外，在面对困难或危险时，抑郁情绪可能使孩子更加谨慎和保守，避免采取冒险行为。这种谨慎可以在一定程度上保护孩子免受更大的伤害。

有利于孩子心理成熟和人生目标价值重构

在克服抑郁情绪的过程中，孩子可能会习得应对压力、调节情绪的方法，可以提高自己的心理韧性。比如，通过心理调节、运动等方式来缓解抑郁情绪时，孩子也会随之培养出健康的生活习惯和富有弹性的心理调节能力。

抑郁情绪还可能促使孩子重新审视自己的人生目标和价值观。当孩子因在学习、才艺方面追求过高的目标而抑郁时，他们可能会放弃原来不切实际的目标，转而追求更有意义、更符合实际的目标。

由上述可见，抑郁情绪并不是一无是处，它也有有利的一面。需要说明的是，抑郁情绪虽然在一定程度上对孩子有益，但如果持续时间过长、程度过重，则有可能发展成抑郁症等严重的疾病，对孩子的身心健康造成极大危害。因此，当发现孩子有抑郁情绪时，我们应该及时采取有效的应对措施，对孩子的心理进行调适和干预。

正确应对孩子的抑郁情绪很重要

孩子有了抑郁情绪后，可以自己好起来吗？这可能是很多父母想知道的。在有的父母看来，孩子只是稍微有点儿情绪不好，没有到要寻求医生帮助的程度，孩子自己能慢慢恢复过来。

其实，要回答这个问题关键看孩子的表现。但不管孩子抑郁情绪的程度如何，我们都要明白：当孩子有了抑郁情绪时，如果不进行干预，可能会出现以下三种情况。

▶ 通过自行调节自愈

如果孩子的抑郁情绪比较轻微，是由短期内发生的生活事件引起的，比如和同学闹矛盾、某次考试没考好等，在这种情况下，随着时间的推移和周围环境的变化，孩子的情绪有可能通过自身的调节逐渐恢复至健康状态。比如，孩子在和同学闹矛盾后心情低落，但过了几天，双方和好如初，孩子的抑郁情绪也随之消散。

另外，有些孩子天生心理弹性较强，具备良好的应对压力和挫折的能力。他们在出现抑郁情绪时，能积极地调整自己的心态，寻找解决问题的办法。比如，一个乐观开朗的孩子在遇到困难时，会主动想办法克服，而不是陷入消极情绪中无法自拔。拥有这样的心理弹性，孩子更容易从抑郁情绪中恢复过来。

抑郁情绪减轻，但没有消失

程度稍重一点儿的抑郁情绪，在没有任何外界干预的情况下，能得到缓解，但可能遗留了头疼、睡眠不好、偶尔出现负面认知等情况。比如，学习压力过大的孩子通过一段时间的放松，状态变好了，但是一旦重新埋头学习，抑郁情绪又卷土重来。

无法自愈并持续加重

孩子的抑郁情绪如果较为严重，通常很难自愈。严重的抑郁情绪可能表现为长期情绪低落、对任何事情都失去兴趣、自责、出现睡眠和食欲障碍等。比如，孩子连续几周甚至几个月都处于非常抑郁的情绪之中，无法正常学习、生活。孩子出现这样的状况，如果不及时采取干预措施，可能会对孩子的身心健康造成严重影响。

孩子的抑郁情绪能否自愈不能一概而论，需要综合考虑抑郁情绪的严重程度、孩子自身的心理弹性、周围环境以及是否得到及时有效的支持和帮助等因素。因此，我们不能存有侥幸心理，一定要时刻关注并认真对待孩子的异常情绪，具体要做好以下几个方面。

❯ 重视孩子的异常情绪

有些父母对孩子的情绪变化不敏感，或者不知道该如何正确地应对孩子的抑郁情绪，这会使孩子的抑郁情绪逐渐加重。比如，有些父母认为孩子只是在闹脾气，所以没有重视孩子的抑郁情绪，或者采取错误的教育方式，如批评、指责等，这会让孩子感到更加孤独和无助。

❯ 不要让孩子长期处于负面环境中

家庭关系紧张、父母经常争吵、在学校遭受欺凌等，这些负面环境和事件会不断给孩子造成心理压力，使孩子难以摆脱抑郁情绪。比如，孩子在学校经常受欺负，回到家后父母并不关心他的感受；父母之间长期处于冷战状态，让孩子受尽无声的折磨，且无处诉说自己内心的伤痛。在这些情况下，孩子的抑郁情绪很可能会持续加重。

▶ 不给孩子过大的学习压力

长期且过大的学习压力，也可能导致孩子的抑郁情绪难以自愈。如果孩子面临过高的学习要求和才艺目标，每天有做不完的作业和参加不完的兴趣班等，他们可能会感到疲惫和无助，抑郁情绪也会逐渐加重。

▶ 给予孩子足够的支持

父母要及时发现孩子的情绪变化，及时给予关心、理解和鼓励，为孩子创造一个温暖、安全的环境，孩子可能会更快地从抑郁情绪中走出来。比如，父母耐心地倾听孩子诉说烦恼，和孩子一起讨论解决方法，这样做有助于帮助孩子缓解抑郁情绪。

第六章

孩子出现抑郁情绪，父母要做出改变

孩子的抑郁情绪，与父母有关吗

每对父母都希望自己的孩子优秀，每个孩子也都在努力奔跑。不过，有时候父母对孩子的爱或者期望有可能用力过度，比如，对孩子的要求过于苛刻，为孩子设定的目标过高，总是喜欢挑孩子的毛病，等等。

不可否认，孩子身上多少会存在一些问题，但如果我们只聚焦于孩子的缺点，总是放大孩子的不足，孩子每天都被各种引发焦虑的事情困扰，那么孩子的情绪就会受到影响，甚至变得抑郁。

　　乐天是个六年级的学生，他性格活泼开朗，在学校和同学相处得很融洽，学习成绩中等偏上。但是最近，乐天的情绪却变得暴躁了，而且开始抵触学习，写作业总是磨磨蹭蹭，仿佛变了一个人，这让乐天的爸爸妈妈感到很焦虑。

　　为了改变乐天的状态，乐天的爸爸妈妈向专业的心理咨询师寻求帮助。心理咨询师通过交流发现：乐天的爸爸是一名小学教师，为了让乐天能够升入一个好中学，他对乐天的学习极其上心，常为乐天布置一些额外的练习。这让乐天感觉自己一点儿休息时间都没有，作业仿佛永远做不完，于是他干脆选择磨蹭，越来越抵触学习。

　　另外，在生活中，乐天的妈妈经常数落乐天。乐天一旦起床晚一点儿或吃饭慢一点儿，妈妈就责备说："能不能快一点儿，总是磨磨蹭蹭的，你能做好什么事?!"妈妈看到乐天的书桌有些杂乱，就忍不住抱怨："你一点儿生活自理能力都没有，以后可怎么办啊?"妈妈说的这些话让乐天非常气愤、伤心，但他又无处发泄，时间一长，情绪就变得抑郁起来。

　　乐天的爸爸妈妈听完心理咨询师的话后，才意识到孩子确实存在一些情绪问题，但更需要改变的是自己。

父母是真心爱着孩子，急切地盼望孩子越来越好。就像乐天的父母一样，总是希望孩子能够更好，但却在不自觉中做得"太过"，过于强调孩子的缺点和不足，这让孩子产生"爸爸妈妈总是觉得我不够好""我在爸爸妈妈眼里很差"等消极看法，长时间处于这种压抑的、不被肯定的氛围中，孩子难免会产生抑郁情绪。

因此，父母不要总是从"孩子有问题，该采取什么措施让孩子改变"这种角度思考问题，这容易让我们陷入"从孩子身上寻求解决方法，想尽一切办法改变孩子，一定要消灭孩子身上的毛病"这种思维中。如果孩子不配合，我们就很容易感到挫败。尤其是父母越想改变孩子，孩子就越可能抗拒，最终，有可能旧的问题没有得到解决，新问题反而产生了。

那么，怎样才能减少父母的不当行为呢？

一方面，父母要尽可能多地看到孩子的优点，用积极的语言与孩子沟通。即便看到孩子有些缺点，父母也不要产生排斥心理和不安感，不要冲动地想让孩子马上改变，而是要和孩子心平气和地沟通。另一方面，父母要改变"总觉得孩子有问题"这样的思维，即便孩子出现抑郁情绪，父母也不要忘记从"是不是亲子关系有问题"这个角度思考，才能找出孩子抑郁的原因，并能有效地帮助孩子摆脱抑郁情绪。

什么样的亲子关系
容易养出抑郁的孩子

　　亲子关系是孩子来到这个世界上拥有的第一份关系，也是孩子最重要的关系，它是孩子情感发展的基础。良好的亲子关系能为孩子提供稳定的情感支持，使孩子在面对来自外界的压力和挑战时，更容易保持情绪稳定。相反，不良的亲子关系则容易使孩子出现情绪波动。

　　通常来说，以下这几类亲子关系会直接影响孩子的情绪，甚至引发孩子抑郁，需要我们注意。

高压控制型亲子关系

在这类亲子关系中，父母对孩子有极高的要求和期望，过度强调成绩、才艺等方面的表现。比如，父母要求孩子学习成绩在班里拔尖，或者要求孩子在才艺方面不断考级、参加比赛拿大奖，等等。

此外，这类父母还严格控制孩子的生活，包括规定孩子的作息时间、交友范围、穿着打扮等。在这类亲子关系中，孩子在日常生活中几乎没有自主决策的权利，一切都需要遵循父母的意愿。

对孩子的影响

长期处于高压下的孩子，会觉得自己无论怎么努力都无法达到父母的要求，从而失去自信，对自己产生负面评价。

另外，在这类亲子关系中的孩子还可能会变得胆小怕事，不敢表达自己的真实想法和感受，害怕犯错和受惩罚。长期的压抑可能会在某个时刻爆发，导致孩子产生焦虑和抑郁情绪。

过度保护型亲子关系

这类亲子关系中，父母对孩子过度担心，总是试图为孩子排除一切困难和危险。比如，父母不让孩子单独参加任何户外活动，禁止孩子和不符合父母标准的同龄人交往，父母总是全方位替孩子做决定，剥夺孩子自己尝试和探索的机会。

对孩子的影响

被过度保护的孩子往往缺乏独立解决问题的能力和应对挫折的经验。孩子面对困难时，会感到无助和恐慌；孩子可能会对自己的能力产生怀疑，觉得自己没有价值；孩子习惯了依赖父母，一旦离开父母的保护，就会感到无所适从；等等。

孩子受到过度保护，还可能变得胆小、内向，不敢与外界接触，使社交能力和人际关系受到影响，这也会增加孩子陷入抑郁情绪的概率。

冷漠忽视型亲子关系

在这类亲子关系中，父母对孩子的情感需求和心理状态缺乏关注。他们可能忙于工作或其他事务，很少花时间陪伴孩子。此外，这类亲子关系中的父母对孩子的成绩提高、成长进步等方面也不会给予及时的肯定和鼓励，或者只是敷衍地表扬一下，对孩子遇到的困难也缺少关注。

对孩子的影响

被忽视的孩子容易感到孤独，有被抛弃的感觉，缺乏安全感。他们可能会认为自己在父母心中不重要，从而产生自卑和抑郁情绪。另外，孩子被忽视使得负面情感得不到及时理解和宣泄，容易不断积累，可能导致严重的心理问题。

放纵型亲子关系

放纵型亲子关系中的父母对孩子非常纵容，孩子要什么就给什么，不论孩子的要求是否合理，父母都尽力满足。另外，父母对孩子缺乏原则和要求，对孩子的行为和习惯缺少管束，宽容并接纳孩子的一切。比如，任由孩子随意结交朋友，放任孩子生活不规律等。

对孩子的影响

被纵容的孩子容易轻视别人，无视纪律，肆意妄为。他们既依赖父母又不尊重父母，在家里就像"小霸王"，谁都要迁就他；在学校则容易成为"小恶魔"，不受同学欢迎，很难有良好的同学关系，容易被同学孤立从而产生深深的孤独感。

在现实生活中，以上几类亲子关系可能并不是独立存在的，而是交叉存在的。比如，爸爸是高压控制型，妈妈是过度保护型……这些关系模式交叉存在、互相影响，让养育孩子变得更加复杂。作为父母，我们要清楚地认识到每类亲子关系的利弊，然后扬长避短，尽可能避免因不良的亲子关系而让孩子产生抑郁情绪。

面对孩子的抑郁情绪，
父母容易产生的认知偏差

随着年龄的增长，孩子的身心会发生明显的变化，他们会遇到各种各样的挑战，学习和人际关系的压力也倍增，很容易导致抑郁情绪发生。然而，有时候抑郁情绪并不容易觉察，尤其是处于青春期的孩子，他们的情绪本身就多变，当孩子情绪异常时，父母很可能会产生以下一些认知偏差。

（1）孩子有不良情绪是正常的，或者只是青春期的正常表现。很多父母觉得孩子的许多表现只是情绪的正常流露或是孩子在青春期的正常情绪波动，比如孩子情绪低落、发脾气，父母会简单地将其归结为"叛逆"，而忽略了其可能是抑郁情绪，从而使孩子的抑郁情绪更加严重。

（2）可能是孩子的压力太大了。随着学习压力增大，父母会认为孩子可能学累了，所以不想说话，只想安静地待着，只要多休息休息就好了。

（3）孩子的性格就是这样，内向不爱说话。父母认为多鼓励孩子结交一些朋友，让孩子多出去参加一些活动，孩子就会活泼起来。

（4）孩子太矫情了，一点儿委屈或压力都受不了。父母认为不用过于担心，只要让孩子多经历一些事情，孩子的情绪就会变得稳定。

（5）一点儿小小的挫折而已，相信孩子能自行调节。有些父母觉得抑郁情绪就像普通的不好的心情，孩子自己可以调整过来，没必要太在意。

父母一定要知道：以上这些想法，都是基于父母自己的经验做出的判断，并不一定代表事实。孩子的情绪如同水面的涟漪，看似微小却可能暗藏深流。父母早期要多倾听孩子的心声，接纳孩子的情绪，这样做，远比等问题严重后再进行补救更重要。我们如果单纯地认为孩子的不良情绪还没有到抑郁情绪的程度，而对孩子不管不问，那么很可能对孩子产生以下诸多负面影响。

▶ 抑郁情绪更加严重

如果父母将孩子的抑郁情绪视为青春期的正常现象，或者认为孩子只是暂时情绪不好，而没有及时进行干预，那么随着时间的推移，孩子的抑郁情绪可能加重。

▶ 心理负担更加严重

一方面，身处抑郁情绪中的孩子可能会觉得自己是家庭的负担，产生强烈的负罪感，导致自我认知出现严重偏差。例如，有些孩子会认为自己没有价值，不值得被爱。

另一方面，父母的错误认知还可能让孩子觉得不被理解。比如，父母把孩子的抑郁当作简单的情绪问题，孩子会感觉自己的真实感受被忽视，从而更加孤独和无助。

▶ 恢复的难度增加

当父母一直错误地认为孩子没有抑郁情绪，或觉得孩子能够自行调节情绪，就有可能错过最佳的改善时机，让孩子的抑郁情绪发展成抑郁症，这样一来，不仅疗愈的时间和成本增加了，疗愈效果也大打折扣。

作为父母，我们必须认真对待孩子的情绪问题。我们平时可以多了解一些专业的心理学知识，了解抑郁情绪的表现、成因和缓解方法等。要多和孩子沟通交流，认真倾听孩子的想法，不要轻易忽视或否定孩子所表达的感受。如果觉得孩子有向抑郁症发展的倾向，一定要正视，要积极寻求专业人士的帮助。

孩子产生严重的抑郁情绪，
父母的反应很重要

　　当孩子有严重的抑郁情绪时，孩子随之产生的最大的烦恼和压力可能并不是源于自己的情绪，而是源于父母的反应。因为对绝大多数父母来说，孩子的重要性超过了自己。通常，父母在得知孩子有严重的抑郁情绪时，自己甚至比孩子还难受，可能会有以下表现。

内心无法接受

　　当父母知道孩子的表现是较严重的抑郁情绪时，内心是不相信的。他们会发出疑问："好好的孩子，怎么可能抑郁呢？""孩子不是抑郁，而是性格就是这样。"父母从内心不愿意相信抑郁会降临在孩子身上。

父母不接受孩子抑郁的现实，还可能表现为找原因，否定抑郁情绪的严重性。比如，肯定是孩子最近的学习压力太大了，再加上近来几次考试没发挥好，导致孩子现在心情郁闷，只要放松下来，休息几天，孩子的好状态就会回来的……

▶ 感到担忧和焦虑

当孩子的抑郁情绪始终得不到缓解，到了向专业人士寻求帮助甚至接受治疗的程度时，父母出于理智，不得不接受现实，但随后又会产生担忧和焦虑。比如，害怕"抑郁"这个标签会给孩子带来不好的影响，怕孩子自暴自弃，怕影响孩子未来的学习和生活，等等。

另外，在有些父母看来，孩子抑郁，就意味着孩子不正常。于是，他们非常担忧孩子的未来以及别人对孩子的看法，担心会给孩子带来更严重的心理压力，从而陷入无尽的恐慌和焦虑之中。

其实，父母无论是接受不了孩子抑郁情绪严重这件事，还是深感担忧、焦虑，这些本质上都是对孩子有抑郁情绪这件事的抗拒。一方面，父母都希望孩子好，接受不了"孩子不好"的现实；另一方面，父母知道抑郁情绪会给孩子带来巨大的危害。因此，父母出现以上这些反应是非常正常的。

只是，我们要明白一点：父母的反应也会对孩子造成影响。通常，处于抑郁情绪中的孩子会觉得自己有问题，倾向于把许多遭遇都归因于"我不好"这种自我否定。在此之上，孩子如果再接收到父母对自己出现抑郁情绪这件事的不良反馈，情绪会变得更加糟糕。

比如，父母不接受孩子的抑郁情绪，会向孩子传递"你不能有抑郁情绪""你不可以有不良情绪"等信息，这会让孩子感到无助，就像是明明生病了却得不到应有的关爱一样。此外，如果父母总是沉浸在担忧和焦虑中，孩子也会感到悲观，看不到明朗的未来。

试想一下，一边是孩子深陷抑郁情绪，一边是父母不接受现状、担忧、焦虑，在这样两方情绪共振的作用下，孩子的情绪怎么可能好转呢？所以，当孩子的抑郁情绪严重时，作为父母的我们，首先要调整自己的心态和状态，保持客观、冷静、理性，不过度反应，理智地接纳现实，然后去积极行动，这才是正确的做法。

转变思维，用鼓励让孩子做出改变

　　一些父母常常抱怨："孩子整天待在房间里，不愿意和自己说话，也不愿意外出……"在这些父母看来，孩子是故意和自己对着干，拒绝和父母沟通，也拒绝改变。面对这种情况，父母往往着急却束手无策。

　　其实，这种情况不在少数。孩子情绪不好，不愿意和父母沟通，也不想办法改变现状，大体上有以下几个原因。

▶ 正处在抑郁情绪中

　　抑郁情绪会让孩子的想法变得消极，行为上也表现得很被动、退缩，比如不想出门、不想跟别人说话……这些表现很可能是孩子正处于抑郁情绪中的一些表现，是一种无声的表达，仿佛在说："我心情很不好，什么都不想做，不要来烦我！"

▶ 对抗父母的要求

亲子关系不和谐，会导致孩子不信任父母。比如，孩子把父母给出的应对抑郁的建议当作对自己的否定和指责，因而表现出一副抗拒的样子。出现这种情况，并不是孩子的问题，而是亲子关系出现了问题。只有先调整亲子关系，才能消除双方的对抗。

▶ 不愿意听父母讲大道理

当孩子出现这样或那样的问题时，父母喜欢喋喋不休地指出问题，并且告诉孩子应该这样做或应该那样做。孩子听得厌烦，且没有任何行动。于是，父母又开始生气，指责孩子"太顽固"等。

出现这样的局面，很重要的一个原因是"说起来容易，做起来难"。处于抑郁情绪中的孩子，他们的大脑杏仁核区域非常敏感，而杏仁核区域主要负责产生和存储负面情绪，杏仁核区域如果过度活跃，会让抑郁情绪变得严重。所以，父母一味地讲道理并不能让孩子从抑郁情绪中走出来。

了解了孩子不愿沟通和不愿改变的原因后，我们应该做出适当的改变，用一些更有效的方式去鼓励孩子，帮助孩子摆脱抑郁情绪的困扰。关于鼓励的方法，有以下两种可供家长参考。

▶ 改变沟通方式

有效沟通是帮助身处抑郁情绪的孩子走出困境的重要一步。很多时候，孩子不愿听父母的建议，大多是因为双方的沟通方式出现了问题。一方面父母认为自己的"忠言"孩子不听，另一方面孩子觉得父母的话太"逆耳"。如何才能让忠言不逆耳呢？我们可以尝试"三明治"沟通法。

"三明治"沟通法，指的是先肯定、认可孩子的情绪，然后对孩子提出建议，之后再次用鼓励、欣赏的方式给予孩子做出改变或行动的动力。采用这种沟通方式，可以让孩子更容易接受父母的建议并做出改变。

▶ 转化问题，聚焦行动

如果总是盯着孩子的问题，父母就容易让自己和孩子都陷入负面情绪中。在这种状态下，我们很可能做出错误的判断，更不要说采取正确的行动了。因此，面对孩子的抑郁情绪，我们可以尝试把孩子存在的问题转化为孩子需要学习的技能。

比如，孩子不愿沟通，父母通常会认为孩子在与自己对抗，认为孩子任性、自闭。但是，如果换个视角看，父母也可以把这种情况描述为孩子需要学习沟通技能。换了角度看问题后，我们就可以认真倾听孩子的感受，带孩子做一点儿开心的事，在孩子心情平静时和孩子探讨如何解决问题，并鼓励孩子敞开心扉。

当我们把"孩子有问题"的看法转化为"孩子需要掌握技能"时，不仅自身的负面情绪少了，而且更容易找到目标和方法，可以更有效地帮助孩子消除抑郁情绪。

不做强势父母，
用合作的方式管教孩子

　　多数孩子都有畏惧父母的心理，很重要的一个原因就是父母过于强势。比如，有的父母要求孩子"吃苦中苦，做人上人"，有的父母虽然不要求孩子考试名列前茅，但要求孩子达到其他种种要求……这些要求看似很合理，但是对有些孩子来说，确实是无形的、巨大的压力，时间一长，容易导致孩子产生抑郁情绪。

　　父母对孩子有要求并没有错，只是很多时候没有把握好度。比如，对孩子过于苛刻，要求孩子必须按照自己说的去做，不想听孩子的任何解释……父母的强势让孩子非常郁闷，导致孩子的情绪变得糟糕。

或许有的父母不认为自己强势，但在孩子眼中却是非常强势的。孩子与强势的父母相处，难免会出现困扰。比如，孩子想和父母沟通，但父母不接受沟通，一味地让孩子只按照自己的要求去做。这种情况会使孩子身心俱疲，在心理上和父母疏远，同时，心里积压的不满、委屈等情绪会持续发酵，导致出现严重的抑郁情绪。

其实，每个孩子都渴望来自父母的认同。我们应该让孩子拥有说话的权利，并倾听孩子的心声，同时要去改变自己对孩子来说强势的行为。

▶ 改善亲子关系

人与人之间的关系好才能相处融洽、愉快，父母与孩子也同样：父母与孩子之间，关系是第一位的，亲子关系好，孩子才愿意接受父母的意见，双方的配合才能产生"1+1 > 2"的效果。

因此，在帮助孩子摆脱抑郁情绪时，父母首先要做的就是改善亲子关系。比如，要心平气和地和孩子沟通，沟通中要多倾听、少指责，让孩子感觉到父母是理解、支持他的，然后再用合适的方式去引导孩子。

▶ 尊重孩子，与孩子一起探讨问题

孩子小的时候离不开父母，许多事情都要听父母的。但是随着年龄的增长，孩子变得越来越独立，对来自父母的呵护需求逐渐减少，对被尊重和被信任的需求逐渐增加。对于处于抑郁情绪中的孩子来说，他们更需要得到父母的尊重。

因此，父母要改变对孩子单向"发号施令"，不要强迫孩子这样做或那样做，这会让孩子感到不被尊重。正确的做法是静下心来和孩子好好聊一聊，倾听孩子的想法，在平等的基础上和孩子共同探讨解决问题的方法。

▶ 管教孩子要"两手抓"

帮助孩子摆脱抑郁情绪，我们也需要"两手抓"——既要爱孩子，也要管孩子。爱孩子，是要给孩子以情感抚慰，让孩子感到被理解、被包容、被接纳；管孩子，则是要让孩子建立规则意识，让孩子学会管理自己的情绪。

所以，在帮助处于抑郁情绪中的孩子时，我们必须保持两方面的平衡——既要给孩子情感上的认可和理解，也要教会孩子怎么去做，两者结合起来才能真正地帮孩子做出改变。

第七章
做好情绪管理，帮助孩子化解抑郁行为

梳理"情绪球"，
引导孩子说出心里的感受

在日常生活中，当我们不经意间觉察到孩子情绪异常时，往往会关心地问孩子怎么了。可是，孩子往往很难说清楚，即便回答也可能含糊不清，诸如："就是好累、难受、好烦！""我什么也不想做……"对于孩子所说的这些话，我们很难判断孩子是否处于抑郁情绪之中。

安夏是一位五年级的学生，最近时常把"很烦""难受"挂在嘴边：看见数学书很烦，想到去学校也很烦，听妈妈说话很烦，一个人待着仍然烦……

安夏的妈妈听见安夏总是说"很烦"，心里开始焦虑，担心孩子的情绪会走向抑郁。于是妈妈带着安夏寻求心理咨询师的帮助。心理咨询师和安夏交谈后发现，安夏存在轻微的抑郁情绪，其口中的"很烦"包含了很多负面感受。

比如，看到数学书、想到去学校"很烦"其实是焦虑、紧张的表现；听妈妈说话"很烦"是委屈、生气的表现……这些情绪交集在一起就像一团乱麻。

可见，抑郁情绪是一种复杂的感受，往往有几种负面情绪交织在一起。这些情绪可能是紧张、担忧、焦虑，也可能是愤怒、委屈、难过，或者内疚、自责等。这些情绪纠结在一起，让孩子很难准确地表达出来。

因此，我们需要帮助孩子梳理情绪，引导孩子把内心的感受准确地表达出来，然后再去帮助孩子调整这些情绪。

▶ 营造轻松谈话的氛围

在和孩子交流的过程中，我们要避免指责孩子，因为这会影响孩子表达的积极性。对孩子多一点儿包容和理解，更有助于孩子说出内心真实的感受。当孩子说到某些感受时，我们不要着急地去评价，而是要耐心地倾听，这非常重要。

另外，当孩子正在表达时，我们要和孩子有眼神的交流，要给予孩子充分的关注，让孩子感受到被重视，意识到自己的想法和感受非常受重视。

▶ 运用有效的提问方式

提问是引导孩子说出内心感受的有效方式，不过，我们必须掌握正确的提问方式。

通常来说，提问有两种方式。一种是封闭式提问，比如："你是不是心情不好？"对于这种提问，一般来说，孩子只会回答"是"或者"不是"，我们很难从回答中得到更多信息。另一种是开放式提问，比如："你今天的心情怎么样？"相较于前一种提问方式，这种提问方式得到的回答信息一般来说会丰富得多，可能是"很难过"，也可能是"很愤怒"。得到这样的答案后，我们可以继续向孩子追问更多细节，比如："是因为什么事造成的？"这就给了孩子更多说话的机会，让孩子逐渐把内心的感受表达出来。

此外，我们还可以和孩子分享一些自己的经历和感受，比如小时候很害怕考试，被同学嘲笑后闷闷不乐等；并讲述自己是怎么处理这类事情的，鼓励孩子也向你分享他的一些经历。如果孩子乐意，我们也可以和他一起就其所讲的事玩角色扮演游戏，在游戏中体会孩子的感受。父母要让孩子在安全、平和或有趣的情境中表达内心感受，并观察、体会孩子的真实想法，引导孩子学会应对情绪。

要有边界感，
给孩子化解抑郁情绪的空间

父母自己不可能是完美的，也不能完全控制孩子，要求孩子必须怎样做。因此，在面对孩子时，我们要学会接受一些事实：事实上，我们无法完全改变孩子，只有孩子自己才能改变自己。我们能做的就是影响孩子，至于孩子能受多大影响，我们决定不了，甚至有时候我们越努力，孩子反而可能越抵触。

为什么会出现这样的情况呢？很重要的一个原因是我们的所言所行没有边界感，我们认为孩子就应该在我们的掌控中。换句话说就是，管得太严、走得太近。孩子无法适应，只好选择反抗。

所以，在帮助孩子缓解抑郁情绪的过程中，我们要记得保持一定的边界感，给孩子一个化解情绪的空间。

尊重孩子的隐私和个人空间

每个人都有不愿被他人知道的隐私，孩子也一样。情绪抑郁的孩子本身需要更多的照顾，需要依赖亲人。在这种情况下，孩子的隐私也会更多地被暴露，这会给孩子的心理带来一定的不适感。如果我们不尊重孩子的隐私，孩子很可能会对父母产生抵触情绪。

另外，情绪抑郁的孩子还总想一个人待着，需要一定的个人空间，需要在安静的环境中让自己感到舒适。所以，我们不要频繁地去打扰，或者一味地要求孩子外出走走，这样做反而会引发孩子的逆反心理。

尊重孩子的自主性

有些父母常觉得孩子满身都是问题，不断地向孩子表达不满和责怪，这其实是不尊重孩子自主性的表现。比如，有些父母看见孩子的房间乱七八糟，就抱怨说："瞧，你这房间乱得都下不去脚了，这说明你的大脑也很混乱吧？在这种环境里能学习好吗？"甚至还有更糟糕的说法："都这么大了，一点儿自理能力都没有。"

父母一味地否定孩子做事的能力，会让孩子失去自主性。在生活中，我们要有选择性地提出不满。我们可以鼓励孩子自己做许多事情，即使孩子做得不完美，我们也不要一味指摘。孩子有了参与和表达的机会，有助于孩子拥有自主性，提升自我效能感。

▶ 不要有过度的保护欲

面对情绪抑郁的孩子，父母总想尽可能多地替孩子承担一些事，表面上看起来这是关爱，但是这种"替孩子承担"的想法和做法，容易让孩子产生"我什么也做不好，我保护不好自己"的无能感，并不利于孩子排解抑郁情绪。

因此，孩子只有自己树立目标，自己去做决定，才会有成就感。作为父母，我们要学会适当地放手，给孩子做出抉择和实施行动的空间，哪怕孩子的选择和行动并不合我们的心意。在这个过程中，孩子练习了如何做选择、如何实施行动。同时，孩子也感觉到自己有选择的权利，并能体会到被父母尊重的快乐。

总之，面对情绪抑郁的孩子时，我们既不能过多地干预孩子，也不能完全不管。比如，有些父母害怕刺激孩子，很多话不敢说，对孩子也不敢有期待，凡事顺着孩子，这样做的出发点是为了孩子好，但效果却不理想。因为父母过度迁就孩子，会让孩子产生自己是"病人"的想法，这不利于抑郁情绪的缓解和排解。

给予情感支持，让孩子逐渐变强大

父母的态度对孩子的抑郁情绪影响很大。有研究表明，如果父母对孩子的抑郁情绪表现出不理解，甚至指责，那么孩子的抑郁情绪更容易加重。情绪抑郁的孩子本身就很容易自责，他们怪自己软弱、不坚强、对事情想不开……这时如果父母再流露出责怪的态度，认为孩子太娇气、太矫情，那么孩子难免会更加自责和无助。

因此，无论孩子的抑郁程度如何，我们都应该尊重孩子并给予孩子情感支持。比如，对于喜欢被鼓励的孩子，我们可以说："你努力改变的样子太酷了，换作是我，未必能做得比你好。"对于喜欢被安慰的孩子，我们可以说："这不是你的问题，每个人都有不开心的时候，不开心很正常。"对于喜欢得到帮助的孩子，我们可以说："你现在有什么需要我做的吗？"……要先了解孩子的需要和喜好，然后及时给予有针对性的情感支持。

通常，父母对孩子的情感支持包括以下几个方面。

认真聆听，对孩子的情绪感同身受

对于情绪抑郁的孩子，父母应该为孩子创造一个安静、无干扰的倾诉环境，让孩子安心地讲述内心的感受。当孩子开口时，父母要停下手中的一切事务，用专注的眼神看着孩子，通过点头、适当的回应，如"我在听呢"等方式，鼓励孩子说下去，不要中途打断或者急于给出评判。

无论孩子说的内容多么琐碎，或者在我们看来多么无厘头，我们都要耐心听完，因为那都是孩子真实的情绪体验，比如孩子说"老师只在乎成绩，一点儿也不关心学生"。对于孩子的这种不恰当认识，我们也要先表示理解，再慢慢引导孩子更多地诉说，探寻其背后更深层次的情绪原因。

发现并肯定孩子的优点

平时我们要多留意孩子在学习和生活中的小细节，比如看到孩子细心地照顾家里的宠物，我们要及时表扬："你真的好有爱心啊，你把猫咪照顾得这么好！"父母要从各个方面发现孩子的闪光点，让孩子意识到自己是有价值、有长处的。

我们还可以把孩子的优点列成一个清单，时不时拿出来和孩子一起看一看，强化他对自己优点的认知，提升自信心。

需要注意的是，表扬、赞美虽然可以激发孩子内心的力量，但使用也要适当。情绪抑郁的孩子本身可能有自卑心理，如果我们用"你特别好、特别能干"之类的话语表扬孩子，孩子很难把这些词和自己联系起来，顶多觉得你善良，甚至觉得你根本没有真正理解他。因此，对孩子的认可和表扬必须是具体、真实的。

多一些陪伴，给孩子安全感

抑郁的孩子更需要父母的陪伴。不论多忙，我们都要找一些时间陪孩子。比如，周末去公园散步、游玩，一起去看电影，或者在家一起做手工、玩益智游戏等。在陪伴的过程中，父母全身心投入，会让孩子切实感受到父母对自己的爱。我们可以在孩子写作业时，坐在旁边安静地看书陪着孩子；我们也可以在孩子睡觉前，和他聊聊天，问问孩子当天的感受；等等。

另外，父母可以多拥抱孩子，也可以摸摸孩子的头……简单的肢体动作，也能让孩子感受到温暖，拥有安全感。当孩子情绪低落时，拥抱往往比语言更有力量，孩子会知道：无论怎样，父母都会在身边支持自己。

与孩子共情，
让孩子在被理解中获得力量

想要说服孩子，或让孩子做出改变不是一件容易的事。如果想要让这类事变得更容易一些，我们就必须学会共情。所谓"共情"，也叫同理心，是指能设身处地体验他人的处境，从而感受和理解他人的情感。共情就像阳光一样，温暖且持续地传达着能量，看起来好像什么也没做，却悄无声息地改变了许多。

面对孩子的抑郁情绪，父母的共情非常重要。父母能够共情，是指父母能够深入理解孩子，能够理解孩子的感受，明白孩子的想法、动机和渴望。当我们对孩子的情绪有了深入理解时，就更容易引导孩子走出抑郁情绪。

父母能够与孩子共情，这对情绪抑郁的孩子可以起到非常重要的正向作用。

一方面，父母共情能力强，调节情绪的能力就强。父母拥有共情力，可以安抚孩子，让孩子感受到被关注和被理解，从而能够逐渐从负面情绪中挣脱出来。

另一方面，父母拥有共情能力还可以帮助孩子发展出共情能力。共情能力是孩子情绪稳定和健康的基石，孩子共情能力强，情绪调节的能力就会强，从而能够与他人建立良好的人际关系。

那么，父母如何才能共情孩子呢？一是要理解孩子，二是要用共情的方式做出回应，具体可以尝试以下做法。

❯ 放下对孩子的评价

在理解孩子的过程中，父母不要强调孩子行为的对错，也不要进行评价，而是用心去感知孩子的感受。父母如果对孩子说："你现在这样的状态很不好，再这么下去人会消沉的……"当这样的话说出口，就意味着共情还没有发生，父母和孩子的沟通就已经结束了。

真正理解一个人是非常困难的。父母如果对孩子寄予过高的期待，就很难站在孩子的角度思考问题，很难理解孩子。所以，理解孩子，就要放下对孩子不切实际的期待，放下对孩子的评价，我们的目的是让孩子走出抑郁，然后才对孩子寄予恰当的期待。

▶ 以温和的方式共情孩子

人在太强烈的情绪下是很难共情的。面对孩子的抑郁情绪，我们的反应如果太强烈，说出来的要么是担心、焦虑的话语，要么是过激的、无端的指责，只会让孩子的情绪更加糟糕。

共情是彼此内心的共鸣。我们应该先稳住自己的情绪，不要一听到孩子说出感受就急于评价，也不要快速地给出各种建议。我们要让语言和行为适当地放缓一些，让孩子有机会把内心的感受完整地表达出来。给孩子表达和调整情绪的机会，这本身就是一种情感疏导方式。

▶ 敢于向孩子敞开心扉

有些父母喜欢在孩子面前把自己当作权威，总是摆出一副"我什么都知道，按我说的做就没错"的姿态。即使孩子说的话比父母说的更有道理，这些父母也不会正面承认自己不对，这种态度也是导致父母无法与孩子共情的原因之一。

其实，父母与孩子成长的时代不同，成长环境也不同，有时候父母一时理解不了孩子也正常。但如果假装理解，父母就很难与孩子产生共情。所以，在孩子面前，我们要敞开心扉。如果真的理解不了孩子，我们不妨直接、坦诚地告诉孩子："你说的我都听见了，可是我真的很难理解你为什么要这样做。你可以再详细地说一说吗？"

这种坦诚的态度也是一种共情的回应，会让孩子感觉你是真正地关心他。我们可能很难百分百地做到共情，但只要坦诚相待，孩子就会感觉到父母的坦诚，并做出相应的回应和明显的改变。

教孩子管理情绪，
给情绪一个释放的出口

我们每个人都有情绪不好的时候，难过、焦虑、抑郁等这些所谓的消极情绪本身并不是问题，真正的问题在于会不会管理情绪。这就好比生命之源——水：被管理得好，水可以滋养万物；被管理得不好，水也可以摧毁一切。

抑郁的孩子通常不善于表达自己的感受。他们往往采用发泄、压抑、逃避等方式来应对负面情绪。这些方式并不能让孩子真正排解掉负面情绪，而只会使负面情绪不断积压，就像一个不断膨胀的气球，最终可能爆炸。

表 7-1 是孩子在应对负面情绪时选择的消极方式，这些方

式从表面上看，可以暂时缓解孩子的不良情绪，但是从长远来看危害是巨大的。

表 7-1　孩子应对负面情绪的方式及影响

应对负面情绪的方式	暂时缓解	长期危害
发泄	让自己好受一些，快速降低负面情绪的等级。	有可能伤害他人，问题和情绪并没有得到真正的解决，而是不断恶化。
压抑	看起来平静，暂时回避冲突，有利于关系和谐。	一个人默默承受，内心疲惫；压抑的程度不断变大，给身心带来危害。
逃避	暂时不用面对负面情绪，不受情绪折磨之苦。	关闭情绪通路，感受不到快乐等积极情绪；回避问题和情绪，导致越来越不自信，无法真正解决问题。

由此可见，负面情绪得不到正确的释放，对孩子来说相当于身体内有一个定时炸弹。因此，不管孩子处于怎样的负面情绪当中，重要的是父母引导孩子把内心的感受表达出来，使其情绪得到疏导。当"有毒有害"的情绪释放出来的那一刻，孩子的内心才会轻松。

那么，父母如何引导孩子正确处理自己的负面情绪呢？

▶ 帮助孩子表达，让孩子学会沟通

抑郁的孩子往往很敏感，他们的感受丰富，却不愿表达出来。要想解决这个问题，我们就要先改变自己的沟通模式，要用关爱、尊重的态度和孩子进行沟通。具体包括以下三个步骤。

（1）陈述事实。比如，当抑郁的孩子不愿出门时，我们和孩子沟通时应该注意陈述事实："你有好几天没有出门了，该出去晒晒太阳了。"而不是带着指责和批评的口吻说："你多少天没出门了？还要在家待多久？"

（2）表达自己的感受。父母在面对孩子的各种状况时，不可避免地会表达自己的感受，但请注意表达方式要恰当。即使对孩子的状况很担忧，父母也不要说指责的话语。比如，可以说："我有点儿担心！"而不要说："我真的太难受了，你这样真的很不好……"后者这种表达，孩子很难接受。

（3）提出具体的请求。比如："今天那家商场开业了，你陪妈妈去逛逛好不好？"这样的要求非常具体，是可执行的。

孩子愿意沟通，就说明他正在从抑郁情绪中走出来。

▶ 教会孩子一些应对身心不适的方法

抑郁情绪会让孩子身心都产生不适。为了帮助孩子消除这些不适，我们可以教孩子一些应对方法。

（1）教孩子学会深呼吸。当孩子情绪激动时，父母可以教孩子深呼吸——慢慢地吸气，然后慢慢地呼气。重复几次，有助于孩子放松身体和情绪。

（2）引导孩子尽情地发泄情绪。心理学家指出，经常哭的人比从不哭的人心理更健康。情绪通过哭泣发泄出来，有利于维持心理的健康与平衡。因此，如果发现孩子很难过，我们可以引导孩子哭出来，或者大声喊出来。

（3）转移注意力，引导孩子做其他事情。当孩子陷入抑郁情绪时，我们可以引导孩子做一些自己喜欢的事情，转移注意力。比如，当孩子因为没考好而沮丧时，我们可以引导孩子做一些比较激烈的运动，让孩子暂时摆脱沮丧的情绪。

此外，父母在孩子面前要保持积极乐观的心态，面对困难和挫折时不抱怨、不气馁，给孩子树立好榜样；父母也可以分享自己的经历，让孩子知道每个人都会遇到困难，但是可以通过积极的方式来应对和解决。

进行正向激励，
帮助孩子走出抑郁情绪的泥潭

情绪抑郁的孩子通常会表现出很多消极的行为。比如，不想去上学，不想写作业，不想和任何人交往，不愿意和父母说话……此外，他们对某些事又表现出热情，比如玩游戏、看手机、吃东西等。为什么会出现这样的情况呢？

人的一切行为都源于需要，就像我们渴了想喝水，累了想休息一样。发生"喝水、休息"的行为，都是因为"渴了、累了"这种内在的需要。孩子也一样，他们之所以喜欢做这个而不喜欢做那个，就是因为喜欢做的可以满足他们内心的需求。

一般来说，一种行为的产生往往受到两种内在动力的影响——一个是正强化，一个是负强化。

正强化

正强化是指给人以愉快的刺激，从而增加某种行为出现的频率。也就是说，对某种行为进行正强化可以给人带来正向的感受，因为感受很好，所以这种行为容易持续下去。

比如，当孩子在学校表现良好时，老师给予表扬和奖励，如小红花、奖状等。表扬和奖励就是一种愉快的刺激，会让孩子更有可能继续表现良好。又如，孩子在家里帮助妈妈做家务，得到妈妈的表扬，那么孩子会更乐意做一些力所能及的家务活。

负强化

负强化是指通过减少或移除不愉快的刺激，从而增强某种行为发生的频率。例如，孩子想打游戏，父母规定，孩子如果每天运动超过 1 小时，那么则在周末可以打一会儿游戏。这样做，可以让孩子学会自我控制并养成运动的习惯。

了解了什么是负强化，我们就能够明白，为什么孩子明明知道有些行为没有好处却不愿意做出改变。比如，一个孤僻的孩子明知道整天闷在房间里不好，但是这可以让他避免与人接触，获得暂时的安全感，这就是一种负强化的表现。

正强化和负强化对于改变孩子的抑郁情绪可以起到较好的

效果。我们可以增强正强化，给孩子一些积极的体验，即经常用鼓励、赞美和肯定的话语与孩子交流。比如，当孩子完成一项任务时，我们要及时给予表扬，如："你做得太好了！我真为你感到骄傲！"当孩子遇到困难时，我们要给予支持和鼓励，如："我相信你有能力克服这个困难。"

我们可以通过负强化来减少孩子的消极行为。比如，我们如果想让孩子在交流时情绪稳定，可以这样说："今天，你如果能和我平静地沟通，我也就不会对你进行思想教育，不会对你唠叨了。"